CHAPTER

1

知っておきたいワインの超基本

知識ゼロでも大丈夫！
ワイン選び8つのポイント

「難しそう…」を解消して楽しいワイン選びを

「ワインって、なんだか難しそうで…」と感じている人も多いのでは。特に初心者にとっては、ラベルを見ただけでは中身の想像もつかない。飲んではみたいけれど、いったいどれを買えばいいのかわからない、という声も聞こえてきそうだ。でも心配はご無用。ワインを選ぶときのポイントさえ押さえれば、誰でも自分好みのワインに出会えるはず。

まずここからは、ワイン選びに役立つ8つのポイントをひとつずつお伝えしていこう。

ワイン選びでは
8つのポイントをチェック

1. 種類
2. ワインの味
3. 産地
4. 生産者
5. 値段
6. ラベル
7. ヴィンテージ
8. 格付け

ワイン選びのポイント
その1
種類

赤、白、ロゼの3種類製法による分類も

どんなワインかを知るための、最もわかりやすいポイントは色による分類。「赤」「白」「ロゼ」の3種類でボトルを見れば一目瞭然だ。また、最近はそれらに続く〝第4のワイン〟としてオレンジワインにも注目が集まっている（P87参照）。

ワインは色以外に、製法による種類の違いもある。一般的なワインを指すことが多い「スティルワイン」や炭酸が発泡している「スパークリングワイン」のほか、「酒精強化ワイン」や「フレーバードワイン」の計4種類に分けることができる。

色による分類

赤ワイン
黒ぶどうの皮や種も一緒に漬け込んで造る。タンニンという成分による渋味が特徴的。

白ワイン
主に白ぶどうを使用。皮や種を取り除いて果汁だけを発酵させたもので、極甘口から辛口まで幅広い。

ロゼワイン
赤ワインと白ワインの中間のピンク色のワイン。大きく分けて3通りの醸造方法がある(p50)。

製法による分類

スティルワイン
ぶどうを発酵させて造られ、いわゆる一般的なワインはこちらに分類される。赤、白、ロゼがある。

スパークリングワイン
発泡性のあるワインで、シャンパーニュ（シャンパン）が有名。イタリアの「スプマンテ」、スペインの「カバ」など、国によって呼び方もさまざま。

フレーバードワイン
果実やスパイスなどで香りづけをしたもの。スペインの「サングリア」やイタリアの「ヴェルモット」などがある。

酒精強化ワイン
保存性を高めるために、醸造の過程でブランデーなどを追加し、アルコール度数を高めたもの。スペインの「シェリー」やポルトガルの「ポートワイン」などがある。

味わい、重さ、香りの好みのバランスを見つけよう

難しく思えるワインも、要はお酒の種類のひとつ。日本の米どころで日本酒を、麦が豊かに育つドイツでビールを造るのと同じく、ぶどうが採れるからできたのがワインだ。ワインもその土地ならではの〝地酒〟だと思えば、身構える必要はない。堅苦しく考えず、好みのワインをおいしく楽しむのがいちばんだ。

好みの味を見つける際には、ワインの個性が「味わい」「重さ」「香り」の3つで構成されていることを知っておくといい。

味わいは、アルコール、甘み、酸味、渋味、果実味の5つで決まる。また、それぞれの要素の大きさでそのワインの重さ、いわゆるボディが決まってくる。さらに香りの要素が加わり、そのワインの持つ個性が形づくられるというわけだ。

自分の好みのワインに出会うには、まずはいろいろと飲んでみるのがいい。いくつか試して比較することで、好みのものがわかってくるはずだ。

ワインの個性を決める3要素

- 味わい
- 重さ
- 香り

「味わい」はこの5つで決まる

酸味

特に白ワインの個性を決める要素になる。産地が北部だと酸が強く、南にいくとまろやかになる傾向に。

アルコール

ワインのコクやボリュームを与える要因に。アメリカなどの新世界ワインは比較的アルコール度数が高め。

渋味

ぶどうの「タンニン」という成分から生まれ、赤ワインの個性を決める。ぶどうの品種や醸造方法によって差が出る。

果実味

果実のフルーティーさ。産地が南にいくほど果実味が強くなる傾向に。

甘み

ぶどうの糖が発酵してアルコールに変わる際に、どのくらい糖分が残ったかで甘辛度が決まる。

赤ワインでは渋味と果実味、白ワインでは酸味と果実味がカギに

「重さ」はどうか？

重さとは、舌を駆け抜ける「質感」のこと

重いワイン

ずっしりとした質感を感じられるワイン。渋味、果実味、アルコールなどが強いと重い印象に。

軽いワイン

さらっとした質感のワイン。酸味や渋味が強すぎず、カジュアルに飲める。

「香り」には2つの要素

アロマ（ぶどうが持つ香り）

ぶどうが持つ本来の香りを「第１アロマ」、製造工程で発酵するときに出る香りを「第２アロマ」という。

＋

ブーケ（熟成時に生まれる香り）

樽や瓶の中で熟成をする際に生まれる。樽熟成では木樽の香りが移り、ワインの香りに複雑さを与える。「第３アロマ」ともいう。

「ワイン＝ヨーロッパ」から新世界への広がりも

「ワインといえば、フランスやイタリアなどに代表されるヨーロッパだけのお酒」という時代は終わり、いまや世界中で広く生産されるようになった。中でも「新世界」と呼ばれるアメリカ、オーストラリア、チリといった国々のワインが成長を遂げ、価格帯も手頃なことから日本でも親しまれるようになって久しい。

ヨーロッパと新世界で異なるのは主に、名前の付け方、格付けの方法、ヴィンテージ（ぶどうの収穫年）の扱い方の3つ。

新世界では、ヨーロッパのように伝統がないぶん、産地ごとの個性もぶどうの品種も確立していない。そのため、ラベルにも産地ではなく、メーカー名（商標名）＋ぶどう品種名というスタイルが多い。また、気候が比較的安定しているため、ヴィンテージという概念もあまり重視していない。

以下の表で違いを確認しておこう。

	ヨーロッパのワイン（Old World）	新世界のワイン（New World）
特　徴	フランスをはじめ、イタリア、ドイツ、スペインなど、ワイン造りの歴史が長い。一般的には食事と一緒に楽しめる、繊細で複雑な味わいのワインが多い。	アメリカやオーストラリア、チリ、南アフリカなど、大航海時代にワイン造りが広まった国々。ワインだけで満足できるような力強い味わいが多い。
代表産地	フランス　スペイン　イタリア　ドイツ	アメリカ　オーストラリア　チリ　南アフリカ
名前の付け方	**土地名を重視** ヨーロッパでは、ワインの名前に地方、村、畑などの土地名がついていることが多い。	**メーカー名or商標名＋ぶどう品種名** 「カテナ（生産者）・マルベック（ぶどう品種名）」のように、メーカー名や商標名にぶどうの品種を続けたワイン名が多い。
格付け	**産地が限定的なものが評価される** 「その地方の、その村の、その畑でしかできないワイン」といったように、産地が限定的で、個性的であることが評価される。	**土地の優劣がまだついていない** 歴史の浅い新世界では、まだ「この土地はいいぶどうができる」といったような優劣がはっきりついていないため、格付けはあまり意味を持たない。
ヴィンテージ（収穫年）	**気にしたほうがいい** 収穫期に「雨季」のあるヨーロッパでは、そのタイミングによってぶどうの出来に大きな影響を与えるため、ヴィンテージが重要視される。	**気にしないでOK** 天候が安定している地域が多いため、収穫年ごとの出来のブレは少ない。
味わい	**食事の邪魔にならない繊細な味** ヨーロッパには、ワインと一緒に食事を楽しむ文化が定着している。料理の味を引き立てるようなバランスのよい繊細な味が好まれる。	**わかりやすいインパクトのある味わい** 食事と一緒にワインを楽しむという歴史が浅いため、ワインを単独で楽しむ。そのため、はっきりとした強い味わいのワインが多い。

世界中のワイン産地が集まる
「ワインベルト」

ワインの産地は、南北2本の「ワインベルト」を中心として世界中に分布している。
また、近年はワインベルトから外れた地域でもワインの生産が進む。各生産国の位置やワインの特徴を見ておこう。

「北」と「南」でタイプが異なる

北半球と南半球、また、国の中でも北部と南部では、ワインの味わいが異なる。一般的に、北半球や国の北部は酸が強く辛口で、赤道に近い南半球や国の南部は果実味が強い傾向にある。

ドイツ
冷涼な気候で、「リースリング」という品種を使った酸の効いた白ワインが特徴的。

ロシア
国内消費用のワインがある。酸の強い辛口ワインはあまり好まれず、大半が甘口。

フランス
言わずと知れた、質・量ともに最高の国。地域によって多種多様なワインがある。

ハンガリー＆オーストリア
ハンガリーは極甘口の貴腐ワイン、オーストリアはしっかりした辛口白が有名。

中国
近年ワイン消費量が急増中の中国では、消費されるワインのほとんどが国内産。土着品種だけでなく、国際的なぶどう品種も栽培されている。

ポルトガル
酒精強化ワインの「ポート」「マデイラ」が有名。早飲みタイプの白や赤も。

アメリカ
新世界最大の産地国。多くはカリフォルニア州で造られる赤ワインだが、その他の州でも生産されるようになっている。

イタリア
日照量が多く、地中海性気候でぶどう栽培に適している。赤ワインが主流。

日本
山梨県を中心として、固有品種の「甲州」などを使ったワイン造りがおこなわれている。現在は全国にワイナリーが広がっている。

スペイン
固有品種「テンプラニーリョ」の赤や、「シェリー」という酒精強化ワインがある。

北のワインベルト
→酸が効いていて辛口

ワインベルト
良質のぶどうを生むのは、年間平均気温 10 ～ 20℃の地域とされている。北緯 30 ～ 50° と、南緯 30 ～ 50° の 2 地域は「ワインベルト」と呼ばれ、ワインの産地が集中している。

南のワインベルト
→果実味が豊か

南アフリカ
固有品種の「ピノタージュ」から造られる赤ワインが特徴的。

オーストラリア
「シラーズ」というスパイシーな黒ぶどうが主要品種。高品質ワインも多い。

チリ
コストパフォーマンスに優れた、果実味の強い赤ワインが特徴。近年は高級なワインも生産されるようになっている。

タイ
「ワインベルト」からは外れているものの、努力によりぶどうの栽培が可能となっている。スパイシーな料理に合うワインを生産している。

ニュージーランド
寒暖の差が激しく、果実味の凝縮されたワインが生まれる。冷涼な気候を利用して、酸の効いた白ワインも生産される。

アルゼンチン
冷涼な土地が良質のぶどうを生む。外資の参入によって高品質なワインが生まれるようになり、注目を浴びている。

生産者

生産者によって ワインに個性が吹き込まれる

ぶどうからワインを造るには、生産者（造り手）の技が必要となる。生産者ごとに異なるワイン造りへの考え方や技術によって、多種多様な個性を持ったワインができ上がるのだ。

一般に、ワインの生産者は大きく分けて2つの形態がある。ぶどう畑を所有し、ぶどうの栽培から醸造まで手がける栽培家兼醸造家と、醸造だけを担う醸造家だ。

また、生産者の呼び方が地域や国によって異なるのもワインならでは。よく耳にする「シャトー」はフランスのボルドー地方の生産者を指し、対するブルゴーニュ地方では「ドメーヌ」などと呼ばれる。ワインは、これらの生産者によって味わいが変わるため、その違いを飲み比べてみるのも楽しい。

生産者の呼び名は地域や国によっていろいろ

ドイツ

生産者
ヴァイングート

「ヴァイン」がドイツ語での「ワイン」という意味。ぶどうの栽培もおこなう。

アメリカ

生産者
ワイナリー

ワイナリーと呼ぶのが一般的。ブルゴーニュのドメーヌと同義の「エステート」という名称もある。

イタリア

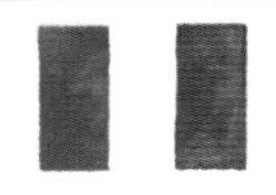

生産者
カンティーナ

イタリアの生産者の呼び方。ほかにも「カーサ」「テヌータ」「カステッロ」とも呼ぶ。

スペイン

生産者
ボデガ

「ワイン貯蔵庫」という意味。ワインを造る生産者のこともこのように呼ぶ。

フランス

ボルドー
生産者
シャトー

お城のような佇まいからこの名前がついた。ぶどうの栽培から醸造まですべておこなうところが多い。

ブルゴーニュ
生産者
ネゴシアン

ぶどうの栽培農家から買いつけたぶどうをブレンドしてワインを醸造する生産者。大規模なものが多い。

生産者
ドメーヌ

自家栽培のぶどうを使って醸造をおこなう小規模な生産者。

シャンパーニュ
生産者
メゾン

シャンパーニュを醸造する生産者で、特に大規模なものに対して用いられることが多い。

「2000円」と「5000円」のラインを知って使い分けよう

高価

5000円以上のワイン

- □「高級ワイン」の部類
- □ 重めで濃厚な味わいのものが多い

5000円を超えると長期熟成型の高級ワインになる。味わいもどっしりした濃厚なものが多い。

とっておきの日、大切な人へのプレゼントに

5000円

2000〜5000円のワイン

- □「おいしい」ワイン
- □ 2000円を超えるとぐっとおいしくなる

「2000円の壁」と呼ばれるラインを超えると、適度なボリューム感のあるおいしいワインが登場する。

プレゼントでも恥ずかしくない

2000円

2000円以下のワイン

- □ 軽い口当たりが多い
- □「安い」ワイン
- □ 普段飲みに適する

2000円以下は軽い口当たりのものが多い。家族や仲間とワイワイ飲みたい。料理に使うのもOK。

気軽に楽しむ場面で

P63からは、このあたりの価格帯から高級銘柄まで幅広く紹介。

安価

手頃なデイリーワインから高価格なものまで目的別に選ぼう

ワイン選びで迷ってしまうのが、値段。最近は安価なものでもコストパフォーマンスに優れたおいしいワインも多く、選択の幅はよりいっそう広がってきた。

その中で、確実においしいワインを入手したい場合は「2000円」をひとつの目安にするといい。さらに「5000円」を超えるものになると、高級ワインの部類だ。

もちろん、2000円以下のワインがダメというわけではない。この価格帯は軽やかな味わいのものが多く、普段飲みやカジュアルなシーンにはもってこいだ。本書のP63からでも、この価格帯のおすすめのワインを多数紹介しているので、ぜひ参考にしてもらいたい。

フルボトルはグラス6〜8杯分

グラスのサイズにもよるが、一般的なフルボトル（750ml）でグラス6〜8杯が目安。ハーフボトルならその半分となる。

ワイン選びのポイント その6

ラベル

いちばん大きい文字は生産者が最も伝えたいこと

ラベルには、そのワインに関する基本情報が記載されている。まずは、商品名や生産者名が記されることの多い、いちばん大きな文字からチェックしてみよう。

慣れないうちは「何が書いてあるのかわからない」という人も多いかもしれないが、どのラベルも主な項目は共通しているため、いくつか見ていくと理解できるようになってくる。

また、記載項目については国ごとにも決まりがあるが、新世界のワインのように、情報量もシンプルなラベルのものもある。

最近はボトルの裏側にまとめて表示されているものも多いため、そちらも確認してみるといい。

ラベルに記載される主な項目

ぶどう品種名
そのワインに使用されているぶどう品種名。

ヴィンテージ
そのワインに使われたぶどうの収穫年。

アルコール度数や容量
基本的にフルボトルは750ml、ハーフボトルは375ml。

商品名や生産者名
シャトー○○、ドメーヌ○○、メゾン○○など国や地域によっても異なる。

格付け
各国のワイン法に基づいてなされた格付けが表記される。

産地
産地は格付けが上がるほど細かい地名が表記される傾向に。

CHATEAU CARBONNIEUX
1998
GRAND CRU CLASSÉ DE GRAVES
PESSAC-LEOGNAN
APPELLATION PESSAC-LEOGNAN CONTROLÉE
MIS EN BOUTEILLES AU CHATEAU

右のワインは
フランス・ボルドー地方
ペサック・レオニャン地区の
「シャトー・カルボニュー」
1998年ヴィンテージ

イタリアのラベル

フランス・ブルゴーニュ地方のラベル

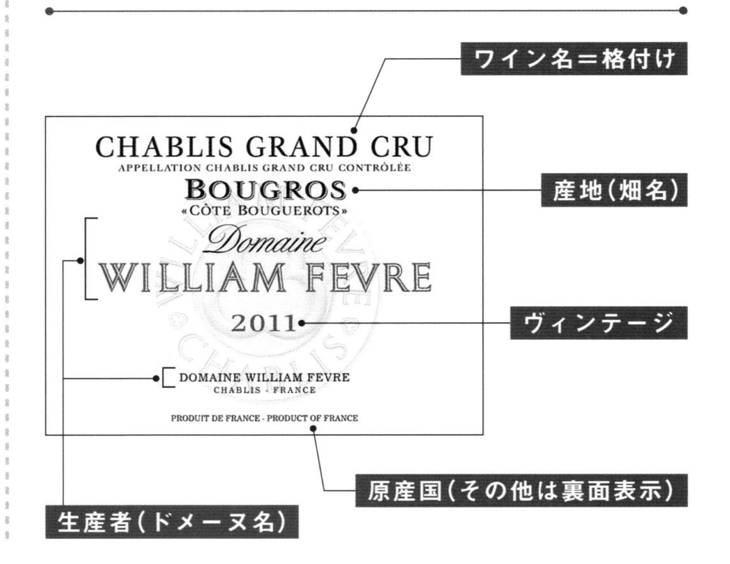

ワイン選びのポイント
その7

ヴィンテージ

「はずれ年＝まずい」は不正解 ヴィンテージに合わせた楽しみ方を

　ぶどうは農産物であるため、その年の気象条件によって収穫量や品質に違いがある。ぶどうの出来の良し悪しはワインの仕上がりにも当然影響する。

「ヴィンテージ」はぶどうの収穫年のことで、その出来は「当たり年」「はずれ年」などと表現されることが多い。

　ただ、ワインの出来は生産者の技量によるところが大きく、はずれ年であっても技量でカバーできる。逆に当たり年であっても、生産者の腕次第ではおいしいワインにならないこともあるのだ。

　また、当たり年、はずれ年のワインそれぞれで異なる楽しみ方ができるため、はずれ年だからといってネガティブに考える必要はない。

はずれ年（オフヴィンテージ）

気候条件に恵まれなかった年

雨季のタイミングが悪かったり、日照時間が少ない年にできたぶどうで造ったワインを「オフヴィンテージ」という。

- 軽やかな味わい
- 飲み頃が早い
- リーズナブルな値段
- 長持ちはしない

こんなときにおすすめ！

- 個性的なワインを発掘したい
- 軽いワインが手頃に飲みたい

当たり年（グレートヴィンテージ）

気候条件に恵まれた年

気候条件に恵まれた年にできたぶどうで造ったワインをグレートヴィンテージという。長期熟成に適している。

- 濃厚な味わい
- 飲み頃になるまで時間がかかる
- 値が張る
- 赤ワインは若いうちは渋味が強い

こんなときにおすすめ！

- お祝いで奮発したい
- しっかり安定した濃いワインが飲みたい

主要産地ヴィンテージ表

★：秀逸な年　◎：とてもよい年　○○○：平均的な年　○○：やや難しい年　○：難しい年

	ボルドー 赤 左岸	ボルドー 赤 右岸	ブルゴーニュ 赤	ブルゴーニュ 白	シャンパーニュ
2019	◎	◎	★	★	★
2018	★	★	◎	◎	◎
2017	◎	◎	◎	★	○○
2016	★	★	◎	◎	◎
2015	★	★	★	○○○	◎
2014	◎	◎	◎	★	○○○
2013	○○	○○	○○○	◎	◎
2012	○○○	◎	◎	○○○	★
2011	○○○	○○○	○○○	◎	○○
2010	★	★	★	★	○○
2009	★	★	★	○○○	○○○
2008	○○○	◎	○○○	◎	★
2007	○○	○○	○○	◎	○○
2006	◎	○○○	○○○	○○○	○○○
2005	★	★	★	◎	○○○
2004	○○○	○○○	○○	◎	○○○
2003	◎	○○○	○○○	○○	○○
2002	○○○	○○○	◎	◎	◎
2001	○○○	◎	○○○	○○○	○○
2000	★	★	○○○	○○○	◎
1999	○○○	○○○	◎	○○○	○○○
1998	◎	★	○○○	○○	◎
1997	○○	○○○	○○○	○○○	○○○
1996	★	○○○	★	★	★
1995	◎	★	◎	◎	◎

※資料提供：株式会社ファインズ

※このヴィンテージチャートは、現地ワイン協会発行の評価などをもとに、株式会社ファインズが独自に編集・作成したものです。

ワイン選びのポイント
その8
格付け

ラベルに表示される国ごとの「格付け」

ワインの品質を客観的に示す方法として「格付け」がある。その格付けで上位にランクインされるワインはたしかに〝いいワイン〟と言える。では〝いいワイン〟とはどんなものだろう。

たとえばワインの歴史が長いフランスでは、1935年に「原産地統制名称法」いわゆるワイン法が制定された。これは、国が認める品質基準を守ったワインだけが産地を名乗れるというもの。特にボルドーやブルゴーニュは、その中の地区や村、畑の名前まで細かく記載されているものほど高級品となる。

同様に、イタリアやドイツ、スペイン、ポルトガルなどもそれぞれの国の基準に基づいた格付けがおこなわれている。

地域が狭くなるほど格が上がる

ボルドーのワインで考えてみると……

ボルドーの中でも地区、さらに村など、限定された場所だけで造られる個性のあるワインは格が上になる。

ボルドー地方
メドック地区
ポイヤック村

フランスの格付け

A.O.C.、A.O.P.が最高ランク

2008年ヴィンテージ以前の格付け

2008年ヴィンテージ以前の格付けは下のとおり。
2009年以降は右の新しい格付けの分類になった。

A.O.C.
Appellation d'Origine Contrôlée
［アペラシヨン・ドリジーヌ コントロレ］
＝原産地統制名称ワイン

A.O.V.D.Q.S.
Appellation d'Origine Vin Délimité de Qualité Supérieure
［アペラシヨン・ドリジーヌ・ヴァン・デリミテ・ド・カリテ・スペリュール］
＝原産地名称上質指定ワイン

Vins de Pays
［ヴァン・ド・ペイ］
＝地酒

Vins de Table
［ヴァン・ド・ターブル］
＝テーブルワイン

→

2009年ヴィンテージ以降の格付け

EUで2009年に新しいワイン法が導入された。
それに伴ってフランスの格付けも変更になった。

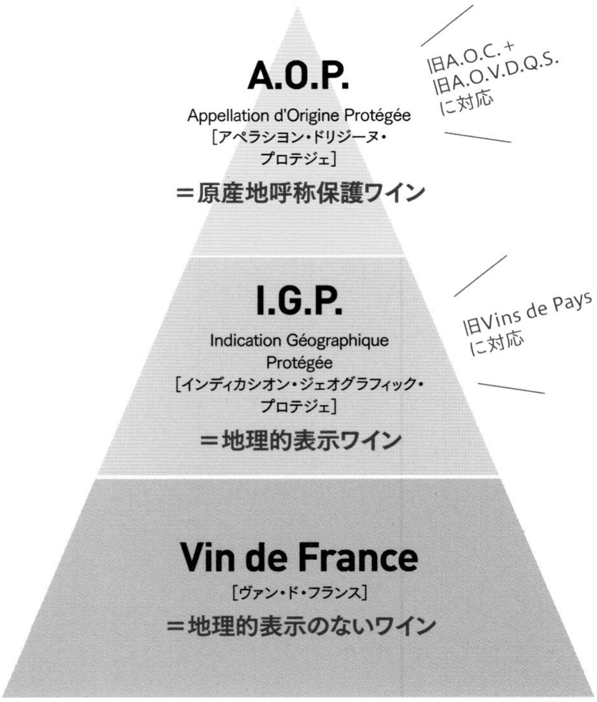

A.O.P.
Appellation d'Origine Protégée
［アペラシヨン・ドリジーヌ・プロテジェ］
＝原産地呼称保護ワイン

旧A.O.C.＋旧A.O.V.D.Q.S.に対応

I.G.P.
Indication Géographique Protégée
［インディカシオン・ジェオグラフィック・プロテジェ］
＝地理的表示ワイン

旧Vins de Paysに対応

Vin de France
［ヴァン・ド・フランス］
＝地理的表示のないワイン

ドイツの格付け

最高ランクはぶどうの糖度なども重要視

2008年のEUでのワイン法改正によって、ドイツワインの格付けも2009年ヴィンテージ以降変更になっている。2012年以降は新しい表記のみが許可されている。

Prädikatswein［プレディカーツヴァイン］
生産地限定格付け上級ワイン
ドイツ最高級ワイン。ぶどう果汁の糖度によってさらに6段階にわかれる※。

Q.b.A.［クー・ベー・アー］
Qualitätswein bestimmter Anbaugebiete［クヴァリテーツヴァイン・ベシュティムター・アンバウゲビーテ］
生産地限定上級ワイン
13地域に限定され、ぶどう品種、最低アルコール度数なども規定されている。

Landwein［ラントヴァイン］
地理的表示つきワイン
「地酒」。カジュアルだが産地の特色が表れている。

Deutscher Wein［ドイッチャーヴァイン］
地理的表示のないワイン
EUの新しいワイン法によってできた分類。国内産のぶどうを100%使用。

※Prädikatsweinの格付け……糖度、アルコール度数に応じて6段階に格付けされる。最上級は「トロッケンベーレンアウスレーゼ」。

イタリアの格付け

最高ランク D.O.P. は厳しい品質検査をくぐり抜けたもの

2009年7月以降、以下のように変更されている。

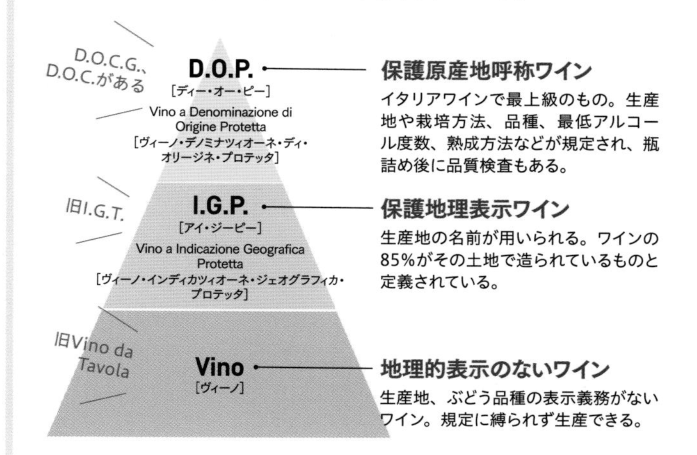

保護原産地呼称ワイン
イタリアワインで最上級のもの。生産地や栽培方法、品種、最低アルコール度数、熟成方法などが規定され、瓶詰め後に品質検査もある。

保護地理表示ワイン
生産地の名前が用いられる。ワインの85%がその土地で造られているものと定義されている。

地理的表示のないワイン
生産地、ぶどう品種の表示義務がないワイン。規定に縛られず生産できる。

スペインの格付け

単一ぶどう畑で造ると「格上」

2006年に新設されたものを含めると、7つのカテゴリーに分類される。

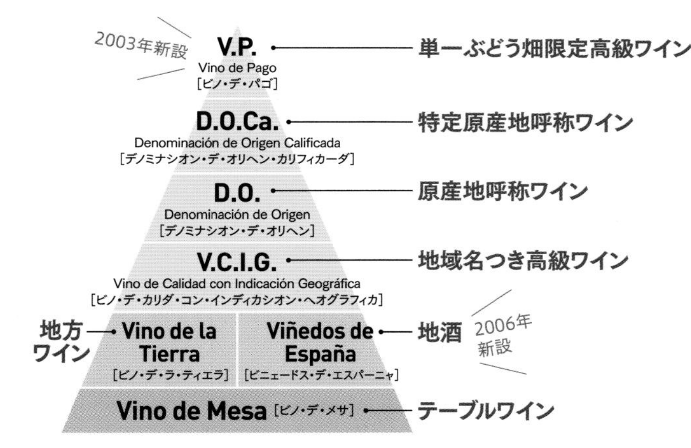

ポルトガルの格付け

格付け発祥の国

1756年に世界最初のワイン法といわれる原産地呼称管理法が成立。2008年の改正にともない、3段階に分類されることに。

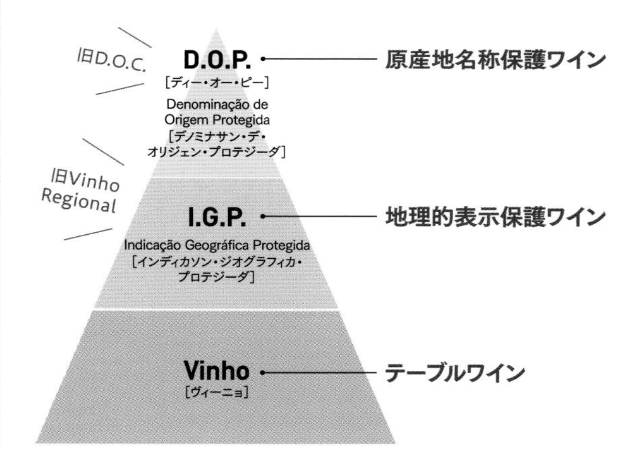

新世界（New World）ワインに格付けはあるの？

アメリカをはじめとする新世界では、ワイン造りの歴史がヨーロッパに比べて浅いため、土地の優劣がついていない。そのためにヨーロッパのように産地の中での格付けをおこなっていない。右はアメリカの品質分類だが、特に優劣が決まっているわけではない。他の新世界の国々もアメリカに近い分類方法をとっている。

アメリカの場合

Virietal Wine［ヴァライエタル・ワイン］	**単一品種を75%以上使用** ぶどう品種名をラベルに表記するためには単一品種を75%以上使用しなければならない。
Proprietary Wine［プロプライアタリー・ワイン］	**数種類をブレンド** 数種類の高級ぶどう品種をブレンドしたもの。フランスのボルドー系品種をブレンドした主に赤ワインMeritage Wine（メリタージュ・ワイン）も。
Generic Wine［ジェネリック・ワイン］	**数種類の品種をブレンドした安価なもの** 単一ぶどう品種が75%以下の複数のぶどうをブレンドしたもの。

バーやレストランでも安心！
ワインを上手に注文するコツ

コツその1
ワイン名の規則性をチェック

4つの要素を組み合わせたワイン名の例

右下の4つの要素は、単独あるいはいくつかが
組み合わさってワイン名になる。
生産者が一番伝えたいワインの情報が詰まっている。

生産者と**品種**の組み合わせ	**レイミー・シャルドネ** 生産者 品種 カリフォルニアなど、新世界ワインに多いスタイル。
生産者単独のワイン名	**シャトー・マルゴー** シャトー名 ボルドーに多い「シャトー〇〇」など、生産者の名前がワイン名になっているタイプ。
産地（畑名）単独のワイン名	**クロ・ド・ヴージョ** 畑名 ヨーロッパの場合、畑の名前がワイン名になることもある。畑ごとに味わいが異なり、個性が表れるため。
産地と**愛称**の組み合わせ	**サン・テミリオン・"ローズヴィル"** 産地 愛称 上のワイン名はフランスのサン・テミリオンで造られたローズヴィル（バラの街）というワイン。生産者の思いが込められている。
ブランド名単独のワイン名	**ミッシェル・リンチ・ルージュ** ブランド名 ワイナリーの中でもブランドを立ち上げている場合がある。

ワイン名を決める要素はこの4つ

1 産地

産地が名前に含まれているワインは多い。各国のワイン法に基づき、格付けによって表記してよい地名が異なる。

2 ぶどうの品種

使用しているぶどうの品種名。規定の割合以上使用した場合のみ表記してよいという場合もある。

3 生産者

「シャトー〇〇」や「ドメーヌ〇〇」「〇〇エステート」など、ワインの生産者名がワイン名になることも。

4 ブランド名、愛称

ワインに関わるエピソードや愛称が、そのままブランド名となることもある。

いくつかのパターンを覚えてワイン名を"解読"しよう

一見、わかりづらいようにも思えるワイン名。バーやレストランで渡されるワインリストに苦手意識のある人もいるかもしれない。

しかし、ワイン名にはいくつかの決まったパターンがあり、記載される主な要素や規則性を頭に入れておけば、さほど難しくない。

ワイン名において、ヨーロッパでは産地名（テロワール）が重視されるが、新世界ではぶどうの品種やメーカー名がメインとなり、格付けの考え方の違いも反映されている。

したがって、産地名やぶどうの品種名をひとつでも多く覚えておくと便利だ。名前を聞いただけでもワインの特性がわかり、ワイン選びにきっと役立つはずだ。

コツその2

ワインリストは"並び順"をヒントに

リストの一般的な表記

'88 Château Margaux ¥○○○○

ヴィンテージ　ワイン名　価格

一般的に、ヴィンテージ、ワイン名、価格が表示されていることが多い。
上の例は1988年ヴィンテージのシャトー・マルゴーというワイン。

ワインの種類

スパークリング、白、赤など、ワインの大きなくくりでわけられている。

生産国

生産国ごとにわけられている。多くの場合はフランスからスタートする。

産地(地域・地区)

ひとつの国でも取り揃えているワインの数が多い場合は、さらに地方や地区でまとめられている。

ヴィンテージ

ワインのヴィンテージ順に並んでいるケースもある。

Red Wine ------- 赤ワイン
France ---------- フランス産
Bordeaux -------- ボルドー地方

Médoc ----------- メドック地区
'89 Château Latour ¥○○○○
'88 Château Margaux ¥○○○○
'90 Château Cos d'Estournel ¥○○○○
'93 Château Léoville-Las-Cases ¥○○○○
'89 Château Calon-Ségur ¥○○○○
'93 Château Lagrange ¥○○○○
'92 Château Grand-Puy-Ducasse ¥○○○○

Graves
'71 Château Pape Clément ¥○○○○
'03 Château La Louvière ¥○○○○

Saint-Émilion
'90 Château Figeac ¥○○○○

Pomerol
Château Petit-Village ¥○○○○

価格

価格順に並んでいるケースもある。

Point
並び順は
スパークリング→白→赤
が一般的

たくさんの「ヒント」をもとに目当ての1本を選ぼう

レストランでワインを注文する際、ワインリストに日本語表記がないことも。冷や汗をかいてしまいそうなシチュエーションだが、慌てなくても大丈夫。ワインリストには、スムーズにオーダーするための「ヒント」がたくさん散りばめられているのだ。

ワインリストは一般的に、スパークリング、白、赤の順で並んでおり、そこからそれぞれのワインの詳細な情報へと続いている。

事前に飲みたいワインの種類や予算を何となくでもイメージしておけば、飲みたいワインをより的確に見つけられるはずだ。もちろん、うまく選ぶ自信がないときは遠慮なくソムリエにたずねてみよう。

お店のソムリエが「得意」なワインがわかる

注文に迷っていても、ソムリエに「おすすめ」を聞きづらかったら、ワインリストに注目。最も品数が多いなど、充実している部分がその店のソムリエが得意とするところ。数が多いエリアの中で最も安いものからチャレンジすると失敗が少ない。

基本	軽 → 重
色	白 → 赤
ヴィンテージ	若い → 熟成
甘さ	辛口 → 甘口
値段	安 → 高

コツ その3

飲む順番は 軽→重を 基本に

基本の流れ

食前酒

＼スパークリングが◎／

食前酒には、ワインではなくてもカクテルを飲んでも問題ない。
- スパークリングワイン
- カクテル
- 軽めの白ワイン　など

→

白ワイン

前菜や魚料理には白ワインが好相性。

→

赤ワイン

肉料理や濃い味付けの料理に。赤ワインの中でも軽いものから重いものへ。

→

食後酒

＼デザート感覚で楽しめる／

食後のスイーツ代わりに、甘口のシェリーやポートワインなどがおすすめ。
- 甘口のシェリー
- ポートワイン
- 貴腐ワイン
- ブランデー　など

CHECK!

重いワインのあとにあえて軽いワインも面白い

基本セオリーから言えば、軽い赤ワイン→重い赤ワインだが、こってりとした重い赤ワインを飲んだあと、軽い赤ワインを飲むとさっぱりする。順番を逆にするのも面白い。

ルールに縛られず気分に合わせて楽しもう

数種類のワインを味わうときは、飲む順番を工夫するとさらに楽しみ方が広がる。基本的には軽めのものから重めのものへ、値段的にも安いものから高いもののほうがよい。安くてシンプルなワインのフルーティーさを楽しんだあとに、高級ワインの重厚で複雑な味わいを堪能する、といった順番だとそれぞれのワインの持ち味をしっかりと感じることができるからだ。

とはいえ、ワインの楽しみ方に絶対的なルールはない。あまり堅く考えず、その日の気分で選んでみよう。

いろいろなワインを少しずつ楽しみたいときは、ボトルではなくグラスワインをオーダーするのがおすすめだ。

コツ その4

ソムリエに気軽に相談しよう

恥ずかしがらずにプロに聞いてみて

レストランでワインを頼むとき、知識がないからといって恥ずかしがる必要はない。お客様の好みに応えるプロであるソムリエはワイン選びの心強い味方だ。レストランにソムリエがいれば、予算をしっかり伝え、あとは相談しながら決めていくと安心だ。

自分やゲストの好みを伝えたり、料理に合うものをすすめてもらったりしながら選んでいこう。

下に、ソムリエやワイン選びでよくあるお悩みをまとめたので、こちらもぜひご参考に。

よくある悩み 1

Q. そもそもソムリエへの相談の仕方がよくわからないのですが…

A. まずはワイン主体か、料理主体かを伝えよう

ワインを決めて、それに料理を合わせるか、料理を決めて、それにワインを合わせるか。どちらを入り口にするかを伝えれば、ソムリエがコーディネートしてくれるだろう。

よくある悩み 2

Q. 飲みたいワインをどう伝えればいい？

A. 「甘口／辛口」「パワフルな／まろやかな」などひと言で OK

ソムリエに相談するからといって、専門的で難しいリクエストをする必要はまったくない。自分が飲みたいワインの味わいを伝えればよいのだ。「苦くないもの」など、消去法的に伝えてもよい。

CHECK!

ソムリエが一番困るのは「飲みやすいワインをください」

「飲みやすい」というのはとても抽象的かつ主観的。漠然とこういわれてもソムリエは困ってしまう。「酸味がないもの」「渋くないもの」など、素直に希望を伝えよう。

よくある悩み 3

Q. 恋人に予算を知られたくないのですが…

A. 予約時に伝えるのがスマート

お店に予約する際に予算を伝えておくのがスマート。当日の着席後であれば、ワインリストをソムリエに見せながら「このタイプのワインで」と値段の部分を指さして伝えてもいい。また安めのワインが希望なら「軽い」「カジュアル」「シンプルな味わい」など、ネガティブに聞こえない言い回しを使えば、ソムリエも察してくれる。

COLUMN

レストランで役立つ ワインのマナー

「ワインはマナーが難しそう」という理由でワインを敬遠してしまう人もいるかもしれない。でも実は、覚えることはそんなに多くない。ワインといってもお酒のひとつにすぎない。シチュエーションに合わせたポイントだけ押さえたら、あとは肩の力を抜いてワインを楽しもう。

1 入店時の身だしなみ

服装

お店にふさわしいスタイルで

カジュアルなお店なら別だが、きちんとしたレストランならお店の雰囲気に合った服装を。

髪型

食事の邪魔にならないように束ねる

髪の毛を下ろしていると、ワインや料理に入ってしまうおそれがある。髪の毛が長い場合は事前に束ねておく。

メイク

口紅はティッシュで押さえる

口紅がべっとりグラスについてはカッコ悪い。事前にティッシュで軽く押さえておくとよい。

香水

ワインの香りを妨げるのでNG

香水をつけているとワインや料理の香りがわからなくなる。食事のときは香水はつけないほうがベター。

動き

ゆっくり動くとエレガント

レストランではバタバタと動かない。食器やグラスを倒してしまうおそれもあるからだ。

2 ワインを注ぐ

基本的にソムリエに注いでもらう

レストランではソムリエがワインを注いでくれる。カジュアルなお店なら自分で注いでもOK。ボトルを落とさないように下部をしっかり持って。

グラスはテーブルに置いたまま

ワインを注いでもらうときは、グラスはテーブルに置いたまま。ビールなどのようにグラスを持ち上げるのはNG。

注ぐ量はワイングラスの膨らみの下まで

グラスの中で一番膨らんでいるところまで注ぐと、香りがグラスいっぱいに広がる。注ぎすぎるとグラスの脚に負担がかかる。

3 乾杯する

乾杯時はグラスを目の高さに持ち上げればOK

乾杯というと、グラスとグラスをぶつけて音を鳴らすイメージがあるが、ワイングラスのガラスは薄い。割れてしまう危険性もあるので、グラスを持ち上げるだけにしよう。

4 飲む

グラスの脚を持とう

グラスは脚（ステム）の部分を持つのが正しいとされる。ただ、こんなに持ち方を気にしているのは日本人だけかも？

ブランデーのようにボウルを手で包み込むと、ワインの温度が上がり、味が落ちてしまう。

5 飲み終わり

注ぎを断るときはグラスに手をかざす

ソムリエはグラスが空きそうになるとワインを注いでくれる。それを断るときはそっとグラスに手をかざす。言葉で伝えても問題ない。

余ったワインは持ち帰りOK

ボトルで注文したワインが余った場合、基本的には持ち帰れる。ソムリエに伝えよう。

「ホストテイスティング」もスマートに

ホストテイスティングとは、レストランで注文したワインが注文通りか、味が変質していないかをチェックするための作業で、もとは「毒見」のための行為だった。注文した人がおこなうのが基本。マナーのひとつとして身につけたい。

▶STEP.1
ボトルを見て銘柄を確認
注文どおりのワインかどうかをチェック。ワイン名、ヴィンテージを確認する。OKならその旨を伝える。

→

▶STEP.2
コルクに書かれた銘柄を確認
ワイン名が書かれているので、間違いがないか確認し、時間があれば状態チェックも。省略することもしばしば。

→

▶STEP.3
色、香り、味を確認する
ひと口分だけグラスにワインが注がれるので、色を確認し、香りを嗅ぎ、口に含んで味を確認する。多くの場合、きちんとソムリエが選んだワインなので問題ないはず。どれも「フリ」でOKだ。

ここに注意！

「好き嫌い」を判断する場ではない
ホストテイスティングはワインが変質していないかを確認するための作業なので、味が好みではないからといって交換はできない。

何かおかしいと感じたらソムリエに相談
味や香りなどに何か違和感を感じたら、ソムリエに伝えよう。明らかに異常が認められれば交換してもらえる。

自分の時間をゆったりと

家飲みワインを楽しもう

STEP 1 お店で購入する

バーやレストランで味わう一杯は格別だが、
リラックスできる自分の家で自由にワインを楽しむのもいい。
ここからは「家飲み」のシチュエーションにスポットをあててお伝えしていこう。

お店の人に伝える3つのポイント

予算
予算を伝えないとお店の人も選びようがない。まずは予算の提示を忘れずに。

いつ飲むのか
買ってすぐに飲むのか、しばらく経ってから飲むのかで、おすすめも異なる。

目的
家飲み以外にも、パーティーやプレゼントといった用途があればぜひ相談してみよう。

お気に入りのショップで好みの1本を見つけよう

ワインを買うなら、いろいろなお店を利用するよりも、行きつけのショップをつくるのがおすすめ。何度か通ううちにお店の人も自分の好みを伝えておけば、おすすめのワインを提案しやすくなるからだ。

お店選びの際は、ワインに適した環境下で販売されているか、次ページを参考に室温や照明をチェックしてみよう。

ちなみにソムリエ協会では、レストランをはじめとする飲食店だけでなく、ワインショップで働くスタッフにも「ソムリエ」の資格を認めている。ソムリエが常駐するお店であれば、ワイン選びもより充実したものになるはず。ソムリエはぶどうのバッジをつけているので、見つけたら積極的に相談してみよう。

お店をチェック！ 4ポイント

ワインショップに行ったら、 お店の環境を観察してみよう。
以下の４つのポイントは、 ワインをよい状態で保管するために不可欠な条件。
「ワインにやさしい」 お店かどうかを見極めよう。

1 ワインに適した室温が保たれているか

ワインは涼しい場所を好む。室内の温度が高いとワインが変質してしまうこともある。温度変化が大きいのもNG。

2 光の強い蛍光灯を使っていないか

蛍光灯の強い光はワインを劣化させる原因になる。照明を落としてあるお店が望ましい。

3 直射日光にあてていないか

直射日光も、蛍光灯の光と同様にワインを劣化させる原因のひとつになる。

4 ワインの置き方はどうか

長期にわたって保管する場合は、コルクの弾力性を維持して空気が入らないよう、寝かせておく。商品の回転が早ければ立てていても大丈夫。

ギフト用のワインはどう選ぶ？

「誰もが知っている」ものなら失敗は少ない

贈り物としてワインを選ぶ際は、やはりオーソドックスなものがおすすめ。オーソドックスなワインとは、もらった相手がその価値をわかる、あるいは名前が知られているようなもの。自分のおすすめの銘柄でも、マイナーなものだと相手もお返しなどをする際の判断に困ってしまうからだ。

気心の知れた友人に贈るのであれば、自分の好みや相手のイメージに合うものの中から直感で選ぶのもいい。

「○○コンクール金賞」は本当にいいワイン？

酒店などで見かける、「○○コンクール金賞」などの文字。金賞だからとすぐに飛びつくのは賢明ではない。重要なのは、そのコンクールの認知度や規模。村の中だけのコンクールなど、小規模なものや、出品すれば金賞をもらえるようなものもある。信用できるコンクールなのかショップに確認してみよう。

STEP 2
最適な温度を知る

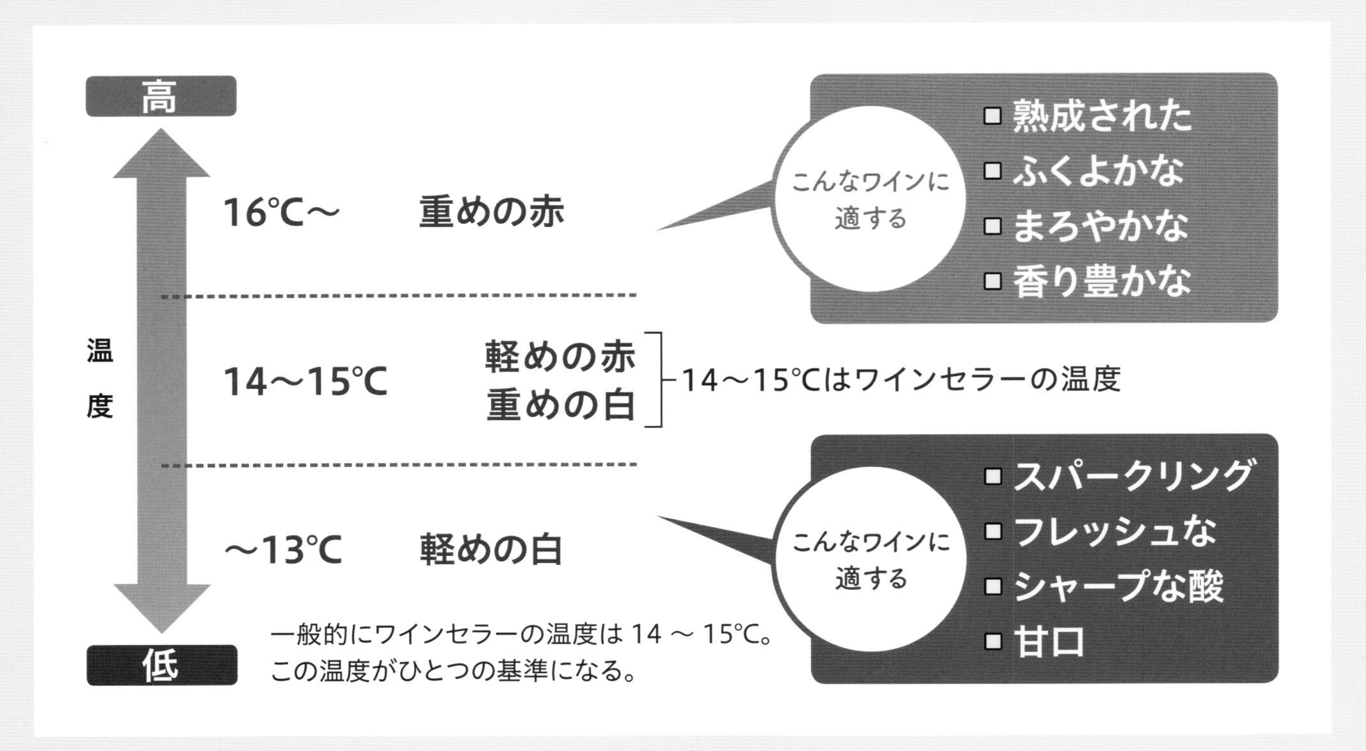

冷やす方法

1.ワインクーラー

氷水に塩を入れて、ワインのボトルネックまで浸ける。希望の温度に合わせて引き上げる。

1分で約1℃下がる

2.冷蔵庫

常温から冷やす場合、気温にもよるが下記の時間が目安になる。飲むタイミングに合わせて冷蔵庫に入れておく。

赤 …1 ～ 1時間半

白、ロゼ、スパークリング …2 ～ 2時間半

「赤ワインは常温」が常識なのでは？

「赤ワインは常温で」といわれているが、これはフランスでの常温。日本より気温が低いフランスでの常温は16 ～ 18℃くらい。フランスでは理にかなっているが、日本の「常温」には当てはまらないのだ。

ワインによって「おいしい温度」は違う

ワインをおいしく味わうには、種類に応じた適温を把握しておくことが大切。よく「赤ワインは常温で」といわれるが、日本においてはこれは間違い。上の図のように、重めの赤でも少し冷やしたほうがおいしく飲める。

一般に、ワインは温度を下げるとフレッシュさが際立ち、甘みが抑えられる一方、酸味や渋味が強めに出る。逆に、温度が上がると味の複雑さが増し、香りが強まるが酸味や渋味は抑えられる。

こうした基本を踏まえた上で、自分の好みにも合わせながら温度を調節すれば、また違った味わいに出会えるはずだ。

STEP 3

ワインの「飲み頃」を見極める

最もおいしく飲める時期をしっかり見極めよう

ワインには、それぞれに適した「飲み頃」がある。あまり間を置かず、早めに飲んだほうがよいタイプと、長期熟成に向くタイプ、あるいはその中間タイプもある。下のグラフのように、それぞれのワインの最もおいしく飲める時期を狙って味わいたい。

たとえば、ボージョレ・ヌーヴォーは翌年の春までには飲んだほうがよい、早飲みタイプの代表格。

一方で、長期熟成タイプも年数が経てば経つほどよいわけではなく、やはりピークを過ぎると、徐々に味が崩れる。ただ、高級ワインになると熟成期間が長いほど味が良くなるものがあるのも事実。1961年の「ラフィット・ロートシルト」は、半世紀以上経ち、やっと飲み頃を迎え、今後ももっとおいしくなるといわれている。

「1000円で1年」の法則

ひとつの目安になるのが「1000円＝1年」という考え方。小売価格で3000円のワインであれば3年までが飲み頃、という考え方ができる。買うときの参考にしたい。

早飲みタイプ

- □ あっさりとした白ワイン
- □ オフヴィンテージ（はずれ年）のワイン

2000円以下やオフヴィンテージのワイン。長く置いていても味が向上しない。買ったらすぐ飲んでしまおう。

通常タイプ

2000～5000円のワイン。ワインによって幅があるが、5～10年は楽しめる。何十年もの長期熟成には向かない。

長期熟成タイプ

- □ 高級ワイン
- □ グレートヴィンテージ(当たり年)のワイン
- □ 若いうちは酸味や渋味が強いワイン
- □ 極甘口ワイン

高級ワインに多い。若いうちの酸味や渋味の強さが時間を経て安定してくる。

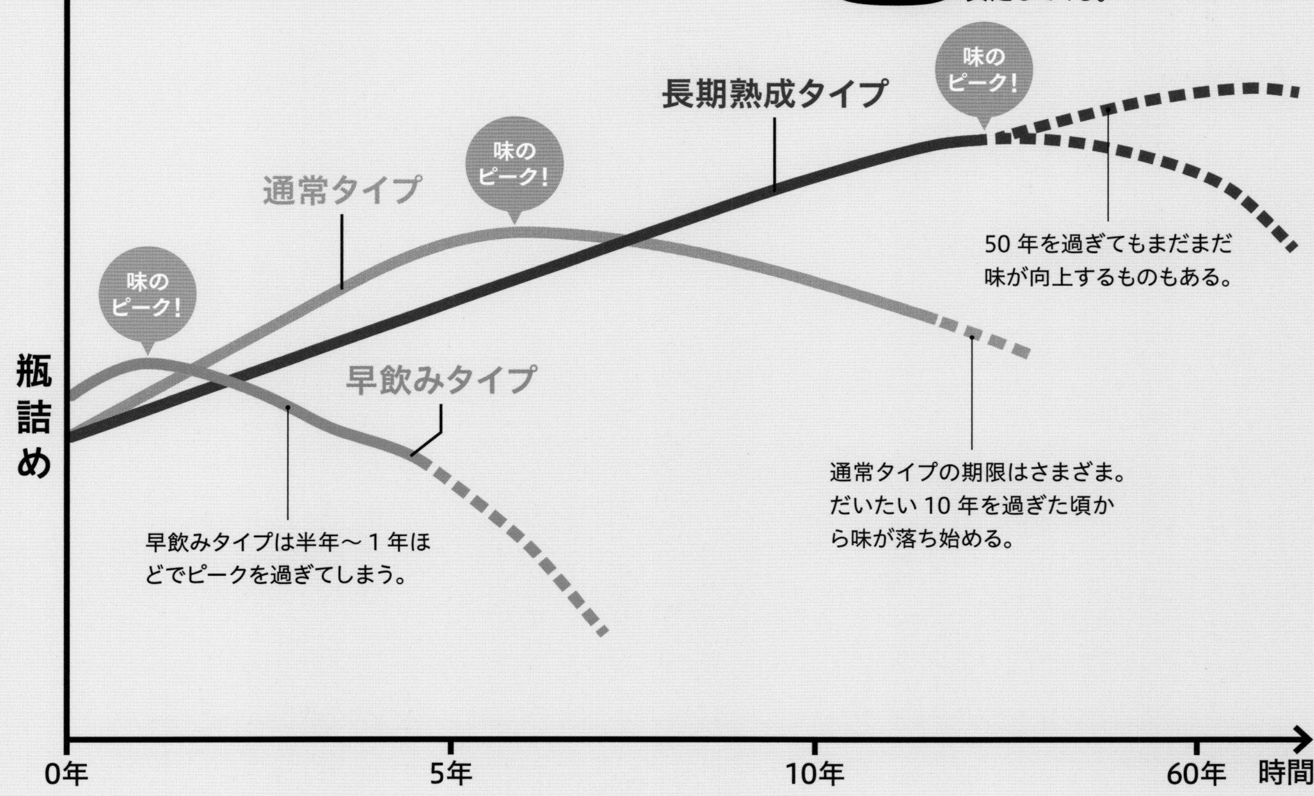

STEP 4 グラスとワインの相性を知る

グラスのここをCheck!

＼Check!／
飲み口
飲み口が大きいと、口の中にワインが広く流れ込み、甘みが引き立つ。飲み口が小さいと酸などが際立つ。

＼Check!／
脚（ステム）
脚（ステム）の長さはさまざま。気分を盛り上げたいときは脚が長く背の高いグラスがおすすめ。

＼Check!／
ボウル
ワインが注がれる部分。この部分の大きさや形によって香りの広がり方、空気に触れる面積、口への流れ方などが変化する。長期熟成のワインは底面積が広いものが合う。

＼Check!／
ガラスの厚み
基本は薄いもの。飲み口の部分のガラスが薄ければ、繊細な口当たりになる。

グラスにこだわれば ワインの味はぐっと引き立つ

ワインを飲むには、ぜひそれぞれにふさわしいグラスを用意したい。グラスでワインの味が変わるというのが半信半疑、という人は実際にワイングラスと普通のコップなどで飲み比べてみてほしい。ワイングラスで飲むほうがおいしいのはいうまでもない。

最初にひとつ持っておくなら、まずは上の写真のような「ボルドー型」がおすすめ。ワイングラスでは最もオーソドックスな形なので、こちらを使いながら2つめ、3つめと別のタイプのものを買い足していくのもいい。

余裕があれば、さまざまなバリエーションのグラスを試しながら、味や香りの変化を感じてみてほしい。

家にあるいろいろな器で ワインを飲んでみる

グラス以外の器でワインを飲んでみると、面白いほど味の感じ方が変わる。湯呑みやおちょこで試してみると「器」の大切さを実感できるかもしれない。

基本はこの4タイプがあればOK!

赤

赤ワイン用はブルゴーニュ型、
ボルドー型の2種類。

複雑な香りのワインに

大きいボウル部分に香りが閉じ込められる。果実味が強くて複雑な香りを持つワインに適している。

＼このぶどうのワインに◎／

ピノ・ノワール

ブルゴーニュ型

渋味の強いワインに

飲み口が広めなので、空気に接触する面積が大きく、渋味の強いワインをまろやかにしてくれる。

＼このぶどうのワインに◎／

カベルネ・ソーヴィニヨン、メルロ

ボルドー型

白

白ワイン用のグラスには、「○○型」という決まった名前はない。

コクがあり、ふっくらとした白に

ミネラル感が強めの重い白や、ふくよかな香りを持つ白ワインと合う。

＼このぶどうのワインに◎／

シャルドネ

スッキリ爽やかな白に

飲み口が小さめのグラスは、すっきりした爽やかな酸味を持つワインに適している。

＼このぶどうのワインに◎／

ソーヴィニヨン・ブラン、リースリング

スパークリングワインといえば細長いグラスだけど……?

スパークリングワインは、小さくて細長いグラスに入っているイメージがある。しかし、高級店で出す際は右の写真のような細長くないタイプが用いられることが多い。このほうがボウルに香りが充満し、果実の香りを十分に感じられるためだ。

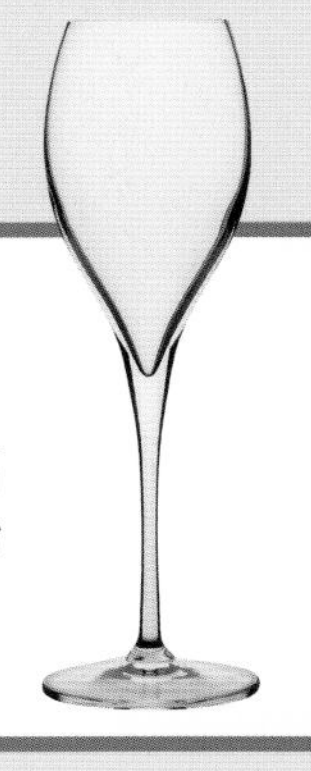

STEP 5 失敗しない開栓のコツ

おもなワインオープナー

ウイング式

持ち手を回してコルクにスクリューをねじ込み、上がった両側の柄を押し下げるとテコの原理でコルクが抜ける。それほど力がいらないので初心者にもおすすめ。

コルクスクリュー

よく見かけるワインオープナーで、一般的なものに感じられるかもしれないが、まっすぐスクリューを入れるのが難しく、技と力が必要。

ソムリエナイフ

ソムリエが用いるオープナー。開栓のための機能が1つにまとめられているうえ、使いこなせるとよりスマート。

ナイフ
キャップシールを剥がす際に用いる。

フック
コルクを引き抜く際に瓶口に引っかける部分。

スクリュー
コルクにねじ込む部分。

ハンドル
キャップシールを剥がすときやコルクを抜く際に握る部分。

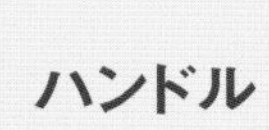

好みのオープナーを使ってスマートに開けよう

手頃な価格のワインにはひねって開栓できるスクリューキャップも多いが、さまざまなワインを楽しむならコルク栓もスマートに開けられるようにしておきたいところ。

オープナーにはいろいろな種類のものがあるが、基本はソムリエナイフ。古いコルクでも綺麗に抜栓できる上、使いこなせるとかっこいいものだ。

しかし扱いが難しいと感じたら無理をせず、ウイング式のようなタイプを試してみよう。力いらずで開栓できるなどのメリットもあり、とても便利なアイテムだ。

基本スタイル

ソムリエナイフで開栓してみよう

瓶口を拭うための布「トーション」または布巾も用意しておく。

▷STEP.1 キャップシールを剥がす

1 親指を支点にして切れ目を半分入れる

親指でキャップの手前側を押さえ、奥側半円をナイフで切る。

↓

2 ナイフを持つ手をひっくり返し、手前側にも切れ目を入れる

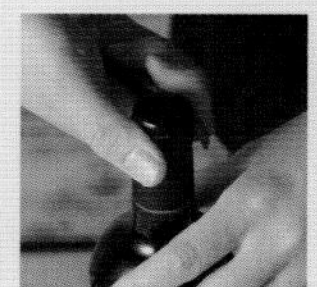

ナイフの持ち方は変えず、手をひっくり返して、手前側半円のキャップシールを切る。

↓

3 引き上げるようにシールを剥がす

切れ目にナイフを入れシールを剥がす。シールの巻きが重なっている部分から剥がすと剥がしやすい。

↓

4 トーションで瓶口を拭く

念のため、トーション（布）で瓶口を拭く。瓶口にカビが生えているのは、湿度の高い所で良い状態で保存されていたという証拠。

▷STEP.2 コルクを抜く

ナイフをしまい、スクリューを出してスタート

1 スクリューをコルクに刺す

コルクの中心部にスクリューを刺す。

↓

2 スクリューをねじ込み、ひと巻き残す

ハンドルを回しながらスクリューを挿していく。ひと巻きだけ残すのがポイント。

↓

3 フックを瓶の口に引っかける

瓶口の部分にフックをかけて、引き抜く準備をする。

↓

4 コルクを1.5cmほど引き上げる

ハンドルを手前に引き上げて、（自分の体側を持ち上げる）コルクを出す。ここでは抜ききらない。

5 スクリューの残りひと巻きをねじ込む

残しておいたひと巻きはここで回し入れる。

↓

6 数mm残して引き上げる

さらに引き上げる。数mmだけコルクが残っているところで止める。

↓

7 手で軽く揺らしながらコルクを抜き取る

親指と人差し指でコルクを持ち、軽く揺すりながら抜き取る。

↓

8 開栓終了。コルクの香りをチェック

抜栓完了。コルクを鼻元に近づけ、「ブショネ」と呼ばれる不快なカビ臭が付いていないかをチェックしよう。

スパークリングワインの開け方

1 キャップシールを取る

スパークリングワインのキャップシールは、手で剥がせるようになっているものが多い。手で剥がせないものはソムリエナイフで切る。

→

2 コルクを親指で押さえ、針金をゆるめておく

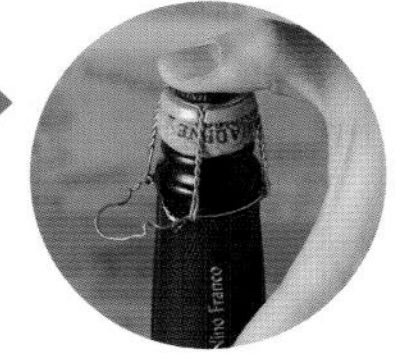

コルクが飛ぶおそれがあるので、開栓が終わるまでは親指でしっかり押さえる。

→

3 ボトルを回しながらコルクを抜く

コルクではなくボトルを回すと力をかけやすい。瓶口を上にして斜めに持つ。

応用編

6 「デカンタージュ」をしてみよう

デカンタージュのメリット

1. 澱をとる

澱（おり）とは、ワインのタンニンや色素の成分が固形化した沈殿物。苦味がある。長期熟成の高級ワインのボトルの底にたまっていることが多く、澱を取るとクリアな味わいになる。

2. 香りを呼び覚ます

ボトルの中に入っているワインは「眠っている」状態。それを空気に触れさせることで香りを呼び覚ます。特に熟成の進んでいない若いワインや、飲み頃を迎えていないワインは香りが閉じている場合が多い。

デカンタージュのやり方

用意するもの

デカンタとライト。デカンタがない場合はピッチャーなどでもOK。ライトは暗い場所でおこなう場合や、澱を確認する際に必要。

1 開栓する

↓

2 デカンタに汚れや臭いがないかチェック

前のワインの香りが残っているときは、これからデカンタージュするワインを少量入れて、「地洗い」する。

3 ボトルからデカンタにワインを移す

ボトルの口をデカンタの口につけ、ゆっくりワインを移していく。澱を取る場合は澱がデカンタに入らないよう、ボトルを傾けすぎないように注意。

↓

4 少し残して終了

すべて入れてしまうと澱まで入ってしまうので、ボトルの肩の部分に少し残す。

CHECK!

デカンタがないときは、ピッチャーや清潔なペットボトルなどを代用してもOK。

意外と難しくない おいしく味わうためのひと工夫

「デカンタージュ」とは、ワインをボトルからデカンタという容器に移し替えること。主な目的は2つある。

ひとつは、ボトル内に沈殿した澱を取り除くこと。ワインに含まれるタンニンや色素成分などが固形化したもので、熟成過程で発生することが多い。そのまま飲むと舌がザラつき不快なため、取り除くのがベターだ。

もうひとつの目的は、熟成の進んでいない若いワインを空気に触れさせて、香りを呼び覚ますこと。澱のないワインなら、デカンタージュせずボトルごと軽く振るだけでも効果がある。

このように、デカンタージュはさほど難しくないのでぜひ実践してみよう。

応用編

7 プロに学ぶテイスティング方法

見た目、香り、味をチェック ワインを飲み比べてみよう

「テイスティング」とは、ワインの味わいを確かめること。ソムリエはお店に置くワインを分析し、どんな料理と合わせるかなどを決めるためにおこなうが、プロでなくても習慣づけると勉強になるため、家飲みの際にはぜひトライしてみてほしい。

テイスティングの際には、外観（見た目）、香り、味を順番にチェックしていこう。それをまとめて、自分なりに記録しておくといい。購入先や値段、一緒に食べた料理なども書き留めておこう。いろいろと飲み比べていくうちに違いがわかるようになってくるはずだ。

▷STEP.1 外観をチェック

まずはグラスの中のワインの外観を観察する。

色から…

熟成度がわかる

赤ワインなら、若いうちは紫がかった赤、熟成すると赤褐色に。白ワインは若いうちは緑がかった黄色、熟成すると黄褐色に。

白い布にかざして液面のグラデーションを見る

ワインの涙から…

アルコール度数の高さがわかる

グラスを回したあとにグラスの壁にできる透明の液を「涙」または「脚」という。エタノールの特性によって起こる現象で、アルコール度数が高いほどできやすい。

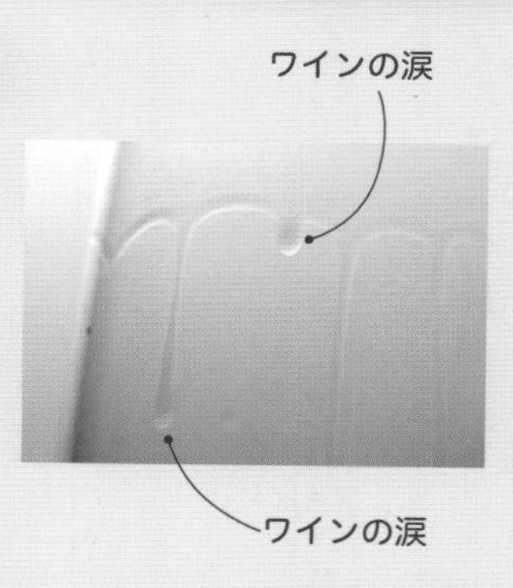

▷STEP.2 香りをチェック

嗅覚を使ってワインの個性を確認。

1 グラスに鼻を近づける

ワインの香りの第一印象を感じる。

↓

2 グラスを回して空気を含ませ、香りを確認

ワインが空気と混ざり合うことで香りが立つ。

3 しばらくしてからもう一度嗅ぐ

空気と馴染んだワインの香りを確認。複雑さが感じられる。

▷STEP.3 味をチェック

最後に味覚で確認し、ワインの全体像をつかむ。

1 口にワインを含む

ワインをひと口含む。口がいっぱいになるほど含んでしまうと味わいを感じづらいので少量にする。

Check!
- □ 味の第一印象

2 舌の上でワインを転がす

ワインを舌全体に行き渡らせ、酸味の程度や口当たりなどを確認する。

Check!
- □ 酸味　□ 渋味　□ 果実味
- □ 口当たり　□ アルコールの強さ

↓

3 飲み込む

飲み込んだあと、どのような余韻がどのくらい残るかも確認する。

Check!
- □ 余韻の印象　□ 余韻の長さ

STEP **8**

ワインの上手な保存方法

開栓したワインの場合

保存場所

冷蔵庫の
ドアポケットに
立てて置く

期限

1週間以内

専用のキャップなどがない場合は、コルクにラップを巻いて差し込んでおくとよい。最初は香りが開いていないワインも日が経つと飲みやすくなることもある。

**冷蔵庫での保存には
デメリットも…？**

冷蔵庫は頻繁に開け閉めするため温度変化が大きく、他の食品のにおいも移りやすいといったデメリットも。2、3日で飲みきる場合や、夏場の一時的な利用なら問題はない。うまく活用しよう。

開栓から2～3日後に味の変化を楽しむのもいい

ワインはひとたび栓を抜いたら、すぐに飲みきらないと味が落ちるといわれている。しかし、必ずしもそうとは限らない場合もある。開栓後、適度に空気に触れることによって味がまろやかに変化することもあるからだ。

このように、味の変化を楽しむ方法もあるため、無理をしてその日のうちにすべて飲みきらなくてもいい。ただし、開栓したワインをあまり長期間置いておくのはおすすめしない。料理に用いるなどして、早めに使い切るようにしよう。

また、開栓に関わらずワインの保存に最適な温度は14～15度。開栓後の数日間や夏の期間のみに限っては冷蔵庫を使っても問題ないが、開栓前のワインは左ページのような方法で冷暗所に保存したい。予算があれば、家庭用の小型ワインセラーを使うのがベストだ。

自然派ワインの保存は特にご注意！

酸化防止剤不使用のワインは、一般的なワインよりも傷みやすい。ワインセラーや冷蔵庫に入れ、早めに飲みきろう。

開栓前のワインの場合

デイリーワイン

- □ 箱がある場合は入れておく
- □ スティルワインは寝かせる
- □ スパークリングワインは立てる
- □ 12〜15℃で保管
- □ 暗い場所に置く

高級ワイン

- □ ボトルに新聞紙を巻く
- □ 発泡スチロールに入れる
- □ 冷暗所で保管

コルクが乾燥しないように湿度を高めにしておくとよい。発泡スチロールに入れることで温度を一定に保ちやすくなる。

製氷皿で凍らせて「ワインキューブ」をつくろう

余ったワインの有効活用法として、料理に使うという手がある。しかし料理に使うときまでボトルのまま保管するのは場所を取ってしまう。そこで、製氷皿に煮詰めて量を減らしたワインを入れ、凍らせて「ワインキューブ」にしてしまうのだ。使いたい量だけ料理に入れられるので便利。

「ペアリング」でおいしさアップ

ワインと料理のキホンの合わせ方

色を合わせる

赤ワインには赤いトマトソースといったように、ワインの色と料理の色を合わせる。

赤い料理

トマトソース、牛肉、マグロなど

サーモンなど

ホワイトソース、鶏肉、白身魚など

白い料理

熟成感で合わせる

チーズなど、熟成させる食べ物には、
熟成の度合いを合わせるのもよい。

フレッシュなチーズ	フレッシュな白、スパークリング
熟成したチーズ	重めの長期熟成赤ワイン

食感で合わせる

料理の調理方法によって食感は変わってくる。
サクッとしたフライならシュワシュワとした
食感のスパークリングなどが合う。

クリーミーでとろっとした料理
↓
濃厚なワイン

「肉には赤、魚には白」にこだわらずコツを押さえて自由に楽しもう

食事とワインの相性を「ペアリング」（マリアージュともいう）と呼び、互いの魅力が引き出される組み合わせを見つけることもまた、ワインの楽しみ方のひとつになっている。

以前は「肉料理には赤ワイン、魚料理には白ワイン」が定番とされることが多かった。もちろんこれも間違いではないが、どんな料理と合わせるかは基本的には自由。

ここでは、まずはワインと料理を合わせる際の基本のポイントをお伝えしていきたい。これらを押さえれば、ワインを主体に料理を選ぶときも、料理を主体にワインを選ぶときも、悩むことなく相性のいいものをイメージできるようになってくるはずだ。

味の濃さで合わせる

重いワインならこってりとした濃い味付けが合うし、
軽いワインならさっぱりしたものが合う。

濃い味	重い赤	軽い赤	重い白	軽い白	薄い味
	デミグラスソースなど	フレッシュなトマトソースなど	クリームソースなど	塩、レモン、薄い味のだしなど	

価格で合わせる

とっておきの料理のときに安いワインだと、味わいが軽くて物足りなく感じやすい。また、カジュアルな料理に高級ワインは、ワインの味が勝ってしまいアンバランス。

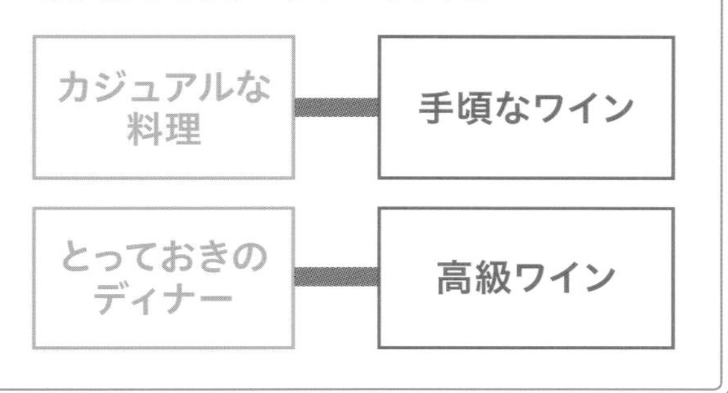

産地で合わせる

ヨーロッパでは、ワインと食文化は切っても切れない関係。国だけではなく、地方の郷土料理とその地方のワインを合わせるのもよい。

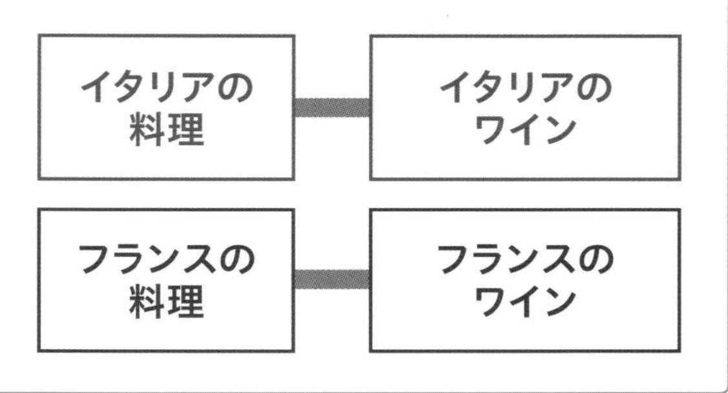

Pairing

どちらも楽しいペアリング

料理にワインを合わせる

例

「今日は鶏肉の料理が食べたい！」

料理を先に決め、それにワインを合わせるパターン。「淡白な鶏肉なら、白ワインを合わせよう」「鶏肉をブルゴーニュ風に赤ワインで煮込むから赤ワインに合わせよう」という具合。

ワインに料理を合わせる

例

「今夜はブルゴーニュのワインが飲みたい！」

「濃密でエレガントなブルゴーニュの白ならカキや伊勢エビと…」など、飲みたいワインに合わせて料理を選ぶパターン。

白カビタイプ

白カビをチーズの表面に繁殖させて熟成させたもの。熟成すればするほど、中身が柔らかくなり、とろっとする。

カマンベール、ブリー など

＼こんなワインと／

エレガントな赤

力強く、かつエレガントな赤ワインがマッチする。

クセ弱い

ハード＆セミハードタイプ

チーズの製造過程で、プレスして水分を減らしたもの。濃厚なうま味が特徴で、保存性も高い。

ミモレット、パルミジャーノ・レッジャーノ など

＼こんなワインと／

味わいが素朴なものが多いので、気取らない軽めのワインと合わせたい。

フレッシュタイプ

乳に乳酸菌や酵素を加えて水分を抜いた、熟成させていないチーズ。クセがなく食べやすい。

モッツァレッラ、クリームチーズ など

＼こんなワインと／

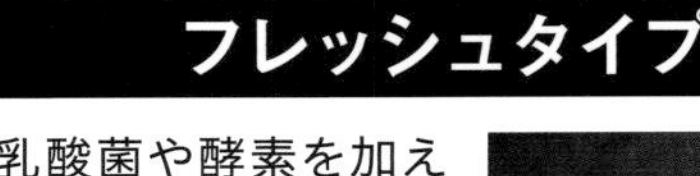

チーズの味がマイルドなので、風味を消さないようにあっさりしたワインと。

チーズはワインの大親友 「クセの強さ」と「重さ」を合わせて

ワインとチーズ（ナチュラルチーズ）はともに発酵させ、熟成させることで完成される食品であるため、相性の良さも格別。

チーズにはフレッシュで軽いタイプ、青カビのクセや塩味があるタイプ、濃厚さがウリのハードタイプなどがある。

そこで、ワインとチーズのペアリングではチーズの「コク」と「クセ」の強さと、ワインのボディの「重さ」を合わせるとうまくいく。

また、チーズとワインの産地を合わせる方法も好相性のことが多く、おすすめだ。

シェーブルタイプ

山羊の乳からできるチーズ。独特の風味がある。

サント・モール・ド・トゥレーヌ、ヴァランセ など

＼こんなワインと／

フルーティーな白、コクのある赤

フレッシュなものにはフルーティーなもの、熟成が進んだチーズにはコクのあるワインを合わせる。

ウォッシュタイプ

表面を塩水や酒で洗いながら熟成させる。自然につく菌が強い香りと独特の風味をつくる。

エポワス マンステール など

＼こんなワインと／

フルボディのワイン

ブルゴーニュの赤など、ずっしりとしたワインがおすすめ。

クセ強い

青カビタイプ

チーズの中で青カビを繁殖させる。風味が個性的で、塩味が強いものも多い。

ゴルゴンゾーラ、ロックフォール など

＼こんなワインと／

甘い貴腐ワイン、パワフルな赤

塩気が強いものが多いので、それを緩和させる甘口ワインや、クセに対抗できるパワフルな赤を。

こんなペアリングも楽しい

塩味 ＋ 極甘口

“真逆”の味わいを組み合わせてみても

しっかりと塩味の効いた青カビのチーズと、ボルドー地方のソーテルヌで造られる極甘口の貴腐ワインは相性抜群。こうした“真逆”の味わいを組み合わせるのも楽しいものだ。

パンもワインで楽しもう

産地や食感、色などでパンとワインを合わせよう

チーズと同様、「発酵」という製造工程のあるパンもワインと好相性。とはいえ、パンもまた膨大な種類があるため、組み合わせに迷うところ。

そこで、下のように組み合わせの基本パターンをいくつか知っておくと便利だ。パンの色合いとワインの色による組み合わせをはじめ、食感、原料のボリューム感、産地などを参考に組み合わせると意外なペアリングが見つかるはず。また、パンとワインの産地を同じにするのもいい。その地域で食べられている組み合わせだけに、相性は抜群だ。

クロワッサン

サクサクの食感とバターの香りがポイント

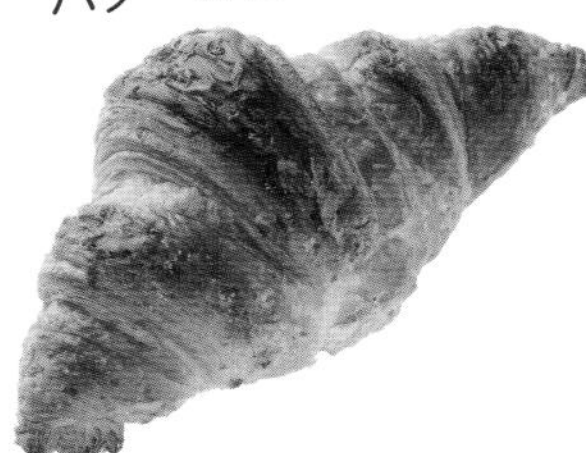

＼こんなワインと／

スパークリングワイン（食感で合わせる）

サクサクした食感と、スパークリングワインの発泡する口当たりが合う。

赤ワイン（ボリューム感で合わせる）

バターをたっぷり使っているので、重めの赤が合う。

ドライフルーツ入りのパン

甘酸っぱさがフルーティーなワインに合う

＼こんなワインと／

軽めの赤ワイン（味わいで合わせる）

赤ワインの中でもフルーティーなものを合わせると、ドライフルーツの果実味とマッチする。

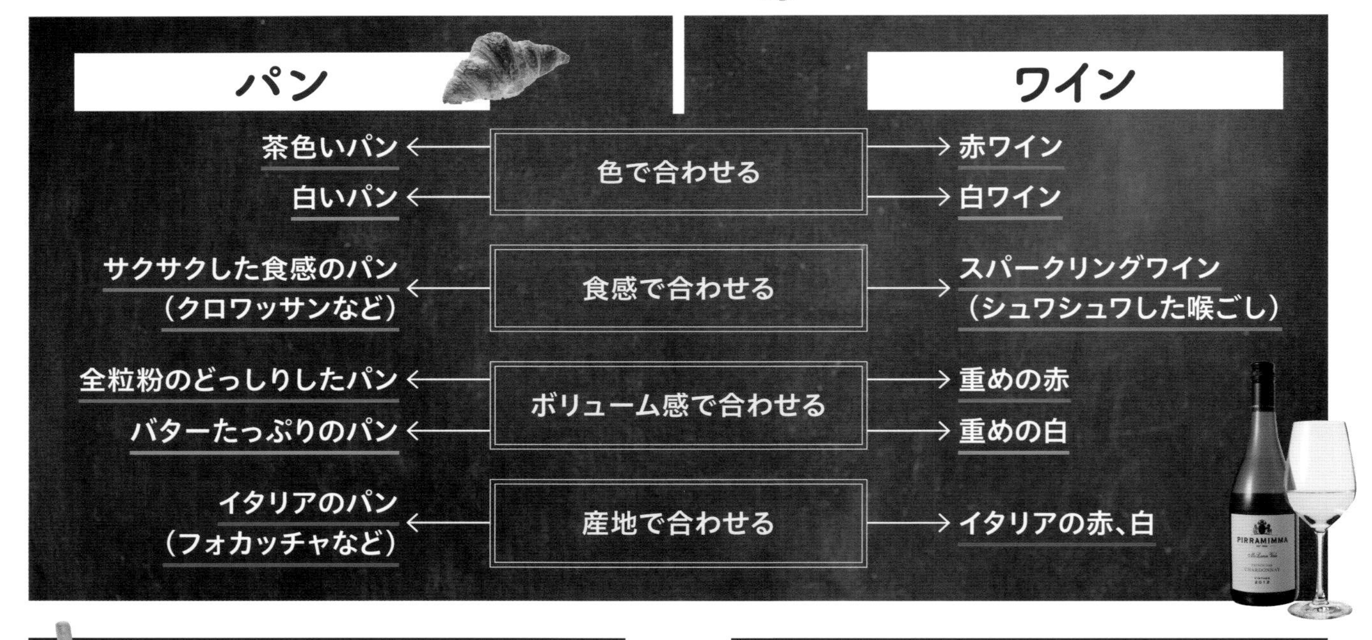

パン		ワイン
茶色いパン	色で合わせる	赤ワイン
白いパン		白ワイン
サクサクした食感のパン（クロワッサンなど）	食感で合わせる	スパークリングワイン（シュワシュワした喉ごし）
全粒粉のどっしりしたパン	ボリューム感で合わせる	重めの赤
バターたっぷりのパン		重めの白
イタリアのパン（フォカッチャなど）	産地で合わせる	イタリアの赤、白

グリッシーニ

サクサク食べられるイタリアのパン

生ハムと一緒でも

＼こんなワインと／

イタリアの赤、白（産地で合わせる）

クラッカーのようにサクサクした食感のグリッシーニは、イタリアのパン。イタリアのワインと相性がよい。

ドイツのパン

独特の酸味が特徴

＼こんなワインと／

ドイツのワイン（産地で合わせる）

プンパニッケル（左下）もロッゲンシュロートブロート（上）もドイツのパン。ライ麦の全粒粉を使った独特の味わいは、ドイツのワインと合わせて。

ワインを引き立てる美味なるおつまみ

お手軽な定番おつまみは家飲みにも最適

家でゆったりと、定番のおつまみとともにワインを味わうひとときも楽しいもの。ナッツやドライフルーツ、チョコレートやオリーブといったバーの「定番おつまみ」には、やはりワインに合う理由がある。

これらのおつまみは調理する手間もなく、用意しておけばいつでも手軽に食べることができるのもいい。いろいろなタイプのものをお好みのワインと合わせ、心ゆくまで家飲み時間を満喫しよう。

甘み　チョコレート

甘さによってワインを変える

ビターなものから甘いもの、ナッツやフルーツ、リキュールが入ったものなど、種類が豊富。

＼こんなワインと／

ロゼスパークリング

どんなチョコレートとも合わせやすい。ホワイトチョコなどもOK。

渋味のある赤ワイン

渋めの赤ワインには、ビターなチョコレートの苦味が相乗効果を発揮する。

塩気　ナッツ

塩気と香ばしさがワインを引き立てる

アーモンドやくるみ、カシューナッツなど、炒ったナッツはワインと相性抜群。食塩控えめのものや素煎りのものでも、素材の味わいを楽しめる。

＼こんなワインと／

ナッツの香りがするワイン

カベルネ・ソーヴィニヨンやソーヴィニヨン・ブランなどナッツの香りを持つワイン。

樽の香りがしっかりついた白ワイン

樽はオーク（樫（かし）や楢などの仲間）をローストしてつくられている。その香ばしい香りはナッツを炒った香りと親和性が高い。

塩気　酸味　オリーブ

味付けもさまざま

オリーブの色の違いは、熟成度の違い。緑のオリーブはフレッシュな味わい、黒いオリーブは濃厚な味わい。味付けもアンチョビや唐辛子、にんにくなど、さまざまなタイプがある。

＼こんなワインと／

中程度の重さの白

酸の効いたスパークリング

オリーブ自体にコクがあるので、爽やかなスパークリングや、軽め〜中程度の重さの白ワインに合う。

酸味　甘み　ドライフルーツ

チーズと合わせても◎

凝縮されたフルーツの味を楽しんで

乾燥させて水分が飛んだぶん、フルーツの味がぎゅっと詰まっている。砂糖がつきすぎていないものを選び、素材そのものの味を楽しみたい。

＼こんなワインと／

渋味のある赤

渋味のある赤ワインには、イチジクやアプリコット、レーズンなど甘いものが合う。

辛口の白

まろやかなマンゴーやバナナなどのフルーツがマッチする。

COLUMN

ワインの友「生ハム」の奥深き世界

ワインとともに食べる機会の多い生ハム。何気なく食べているけれど、どうやってつくられているのか知らない人も多いはず。
生ハムにもこだわってみることで、よりよいペアリングを楽しむことができる。

イタリアのプロシュート・デ・パルマ。世界三大ハム*のひとつ。

イタリアのプロシュート・デ・パルマを乾燥させている様子。圧巻だ。

生ハムのつくり方

塩漬けした豚肉を低温でじっくり燻製

生ハムのつくり方には2種類ある。塩漬けした豚肉を低温でじっくり燻煙する方法と、燻煙せずに塩漬けの豚肉を乾燥させて熟成させる方法がある。

生ハムの種類

代表産地はイタリアとスペイン

イタリアの「プロシュート・デ・パルマ」、スペインの「ハモン・セラーノ」「ハモン・イベリコ」などが有名。これらは燻製をおこなわずに乾燥させて熟成させるタイプ。

イタリア

プロシュート・デ・パルマ

イタリアの「プロシュート・クルード（生ハムの総称）」の中で最も有名なもの。1～2年という長期にわたる乾燥、熟成期間を設けている。生産地が厳密に決められている。

スペイン

ハモン・セラーノ

スペインの山岳地帯でつくられる。冷涼な気候の中でじっくり乾燥・熟成させることによって、独特の風味を感じることができる。薄いピンク色と柔らかい食感が特徴。

生ハムの食べ方

メロン＋ハムは「スイカに塩」の原理

生ハムとメロンを一緒に食べるのは、ヨーロッパが始まり。ヨーロッパのメロンは日本のものより甘くなく、ハムの塩味によって甘さが引き立つのだ。日本の甘いメロンでおこなうと、好みが分かれるかもしれない。

＊世界三大ハム……イタリアのプロシュート・デ・パルマ、スペインのハモン・セラーノ、もうひとつは中国の金華火腿（金華ハム）。

CHAPTER

2

お気に入りのぶどう品種を見つけよう

テロワールが育む

世界各地のぶどう

フランスで売られていたメルロの苗。
こんな小さな苗からぶどうは育つのだ。

ワイン用のぶどうはそのまま食べてもおいしくない？

ワイン用のぶどうは生食用のぶどうとは異なる。ワイン用のぶどうを生で食べるとおいしくないのか、と思うかもしれないが、それは誤解。実は、ワイン用のぶどうのほうが生食用よりも糖度が高い。ただし、ワインに欠かせない酸も強いため、生食用のほうが甘く感じるのだ。甘いぶどうを食べたいのなら、やはり生食用が適している。

テロワールによってぶどうの味わいも変わる

たとえば気候が違うと…

温暖

酸味が弱い　果実味が強い

1日の温度差が大きいほうがよい

気温が高いとぶどうはよく熟し、冷涼だと酸が強くてシャープな味わいに。1日の中で、昼と夜の温度差が大きいほど、ワインの味わいにメリハリが出る。

酸味が強い　果実味が弱い

冷涼

気候風土に根ざしたワインのためのぶどう造り

ワインの味わいや香りといった個性を決める重要な要素のひとつがぶどうの品種。品種が違えば、でき上がるワインも違うものになる。

そんなぶどうの生育に大きく影響するのが「テロワール」だ。テロワールとは、その土地の気温や降水量、日照時間といった気候条件だけでなく、土壌の質、水はけの良し悪し、土地の起伏や傾斜といった、あらゆる自然条件を指す。

たとえば、上の図のように温暖なところと冷涼なところではぶどうの酸味や果実味に違いが出たり、日照時間が長いほど果実の成熟度が増し、渋味のもととなるタンニンの成分なども変わってくるのだ。

ちなみに、理想的なぶどう畑は水はけのよい、やせた土地。ぶどうが水分や養分を求めて根を深く張るような土地で〝甘やかさずに〟育てられたものが、のちにおいしいワインになっていくのだ。

まずは押さえておきたい代表的な8品種

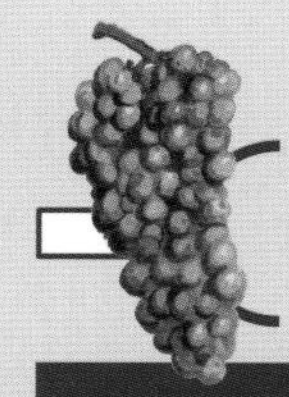

赤ワインのぶどう品種

カベルネ・ソーヴィニヨン

「黒ぶどうの王様」と呼ばれ、世界中で栽培されている。タンニンが強く、長期熟成に耐えうるワインを生む。

メルロ

ボルドーでカベルネ・ソーヴィニヨンと並んで栽培される品種。ワインはなめらかで、酸やタンニンが強すぎない丸みのある味わい。

ピノ・ノワール

フランスのブルゴーニュ地方の代表品種。タンニンよりも果実味が強く、熟成を経てキノコなどの複雑な香りを持つようになる。

シラー

フランスのローヌ地方が起源だが、オーストラリアの代表品種（「シラーズ」と呼ばれる）として有名。スパイシーな香りが特徴的。

白ワインのぶどう品種

シャルドネ

「白ぶどうの女王」と呼ばれ、世界中で栽培される。テロワールによって味わいが大きく異なる。

ソーヴィニヨン・ブラン

シャルドネに続いて、国際的に栽培される品種。柑橘系の爽やかな香りを持ち、スッキリとした味わい。

リースリング

ドイツやフランスのアルザス地方を代表する品種。リッチで気品のある味わいは、甘口のデザートワインにも用いられる。

甲州

日本を代表する固有品種。品質向上が著しい。透明感があり、繊細な味わいのワインを生み出す。

8品種を覚えておくとワイン選びも上達

ぶどうの品種にはそれぞれの特徴があり、特に若いワインでは品種の個性が表れやすい。好みのワインを探すひとつの基準として、ぶどうの品種別にいろいろなワインを試してみるのもいい。

現在、ワイン用に栽培されているぶどうの品種は約1万種あり、主要品種とされるのは100種類ほど。といってもそのすべてを覚えなくてもOK。

まずは、上にまとめた代表的な8品種を押さえておこう。これが分かっているだけで、ワイン選びは格段に上達し、よりいっそう楽しくなるはずだ。

もちろん、テロワールが違えば味も変わるため、同じ品種だからといってよく似たワインになるわけではない。さらに、生産者の技術によってもまったく異なる味わいに仕上がることもあるのだから、ワインの面白さは無限に広がっていくのだ。

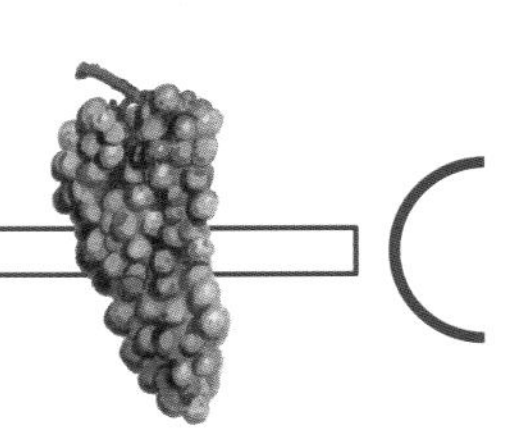

赤ワインのぶどう

▶長期熟成向きのフルボディなワインを生む

カベルネ・ソーヴィニヨン

CABERNET SAUVIGNON

シノニム

- Petit-Cabernet
- Petit-Bouchet
- Bouchet
- Petite-Vidure
- Vidure など

産地

原産地：フランスのボルドー地方

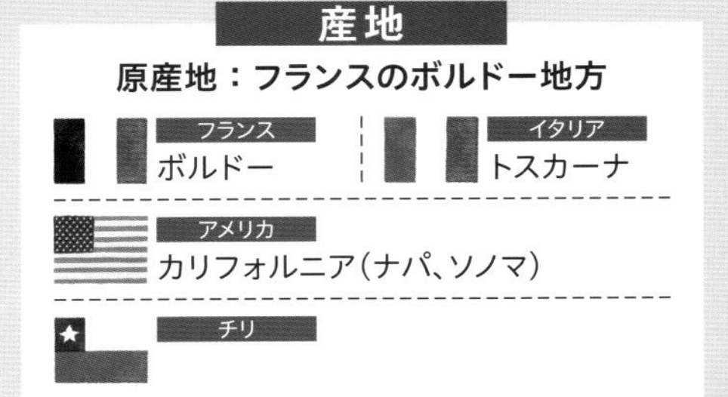

フランス ボルドー

イタリア トスカーナ

アメリカ カリフォルニア（ナパ、ソノマ）

チリ

こんなワインになる

		熟成すると	
味わい	■タンニンの渋味が強い ■酸味・渋味がしっかりしている		渋味が和らぎ うま味が増える
色	■濃い赤	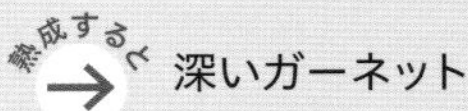	深いガーネット
香り	■カシス、ブラックベリー		モカ、カカオ、葉巻

「黒ぶどうの王様」とも呼ばれ、赤ワイン用の品種では最も有名。大きめの種子にタンニンを多く含むことから、強い渋味があり、実と果皮にはしっかりとした酸味も。黒く濃い色調を持ち、長期間の熟成に耐える重厚なワインになる。

▶フルーティーな酸味が際立つ

ピノ・ノワール

PINOT NOIR

シノニム

- Spätburgunder
- Pinot Nero など

産地

原産地：フランスのブルゴーニュ地方

フランス ブルゴーニュ、アルザス

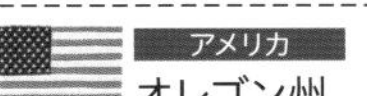

アメリカ オレゴン州

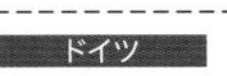

ドイツ バーデン地方

ニュージーランド ワイララパ（マーティンボロ）

こんなワインになる

		熟成すると	
味わい	■渋味は少ない ■果実味が強い ■やや酸味が強い		
色	■深みのある紅色		
香り	■イチゴ、チェリー、 ラズベリー、バラ		皮革、紅茶、キノコ

カベルネ・ソーヴィニヨンと並ぶ代表的な品種。タンニンの渋味よりもしっかりとした果実味が特徴的で、熟成するにつれて複雑な味わいを醸す。フランスのブルゴーニュ以外では栽培が難しいとされたが、現在は新世界でも広く生産される。

※シノニム…ぶどうの品種は、同じものであっても産地によって呼称が変わることがある。
その別名を「シノニム」といい、ラベルにもシノニムで表記されていることもあるので知っておくと便利。

▶丸みを帯びたなめらかな味わい

メルロ

MERLOT

シノニム

- Merlot Noir
- Médoc Noir
- Sémillon Rouge
- Bégney など

産地

原産地：フランスのボルドー地方

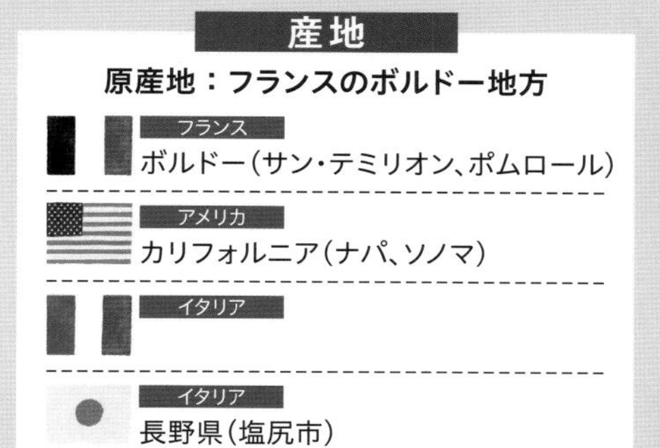

フランス
ボルドー（サン・テミリオン、ポムロール）

アメリカ
カリフォルニア（ナパ、ソノマ）

イタリア

イタリア
長野県（塩尻市）

フランスのボルドー地方で高級ワイン用の品種として栽培されているが、幅広い気候帯に適応することから、新世界でも多く生産。タンニンが少なく酸味も控えめなため、濃厚でありながら丸く口当たりの優しい、なめらかな味わいが生まれる。

こんなワインになる

味わい	■渋味が少なめ ■ふくよかでなめらか	
色	■濃い赤	熟成すると → レンガ色
香り	■プラム、ブルーベリーなどベリー系	熟成すると → トリュフなど

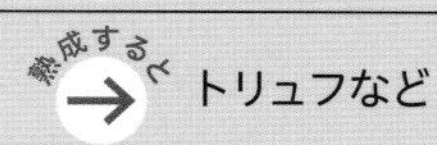

▶香辛料のようなスパイシーで深い香り

シラー

SYRAH

シノニム

- Shiraz
- Serine など

産地

原産地：フランスのコート・デュ・ローヌ地方

フランス
ローヌ、ラングドック

オーストラリア
国内栽培面積1位の品種

スペイン

アメリカ
カリフォルニア

アルゼンチン
メンドーサ

フランスのコート・デュ・ローヌ地方が起源。世界で広く栽培され、オーストラリアでは国内の栽培面積が第1位。カシスなどの黒系果実の香りに、スパイシーさも備える。熟成が進むとムスクのような香りを持ち、個性的な味わいに。

こんなワインになる

味わい	■果実味が凝縮されている ■ボリューム感がある ■渋味があるが、アルコール度数によって和らぐ	
色	■黒っぽい赤	
香り	■カシス、ブラックベリー、プラムなど ■黒コショウなどスパイシーな香り	熟成すると → ムスク

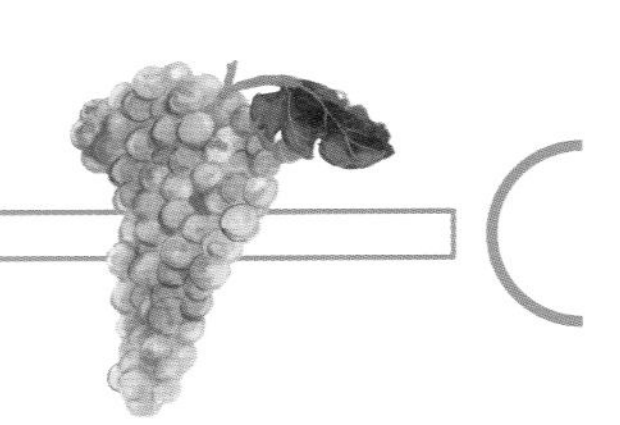

白ワインのぶどう

▶白ワインの万能選手。産地によって味わいは多種多様

シャルドネ

CHARDONNAY

シノニム

- Pinot Chardonnay
- Morillon
- Weisser Clevner

など

産地

原産地：フランスのブルゴーニュ

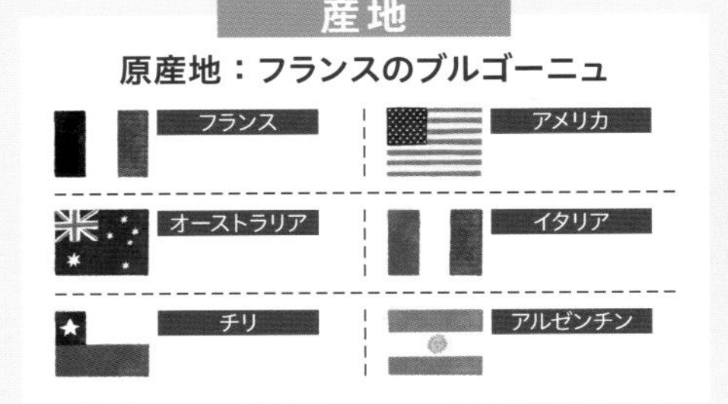

「白ぶどうの女王」と呼ばれ、土地や気候を選ばない性質から世界中で栽培されている。栽培地や収穫時期、生産者の技術などによって、変幻自在なワインになるのも面白い。寒冷地でとれるものは爽やかな柑橘系、温暖な地域のものは甘い果実の香りに。

こんなワインになる

味わい	■ボリューム感があるが、クセがなく万人受けする
色	■生産者や産地によって異なる
香り	<冷涼な土地> ■レモン、ライムの皮、青りんご <温暖な土地> ■パイナップル、黄桃 熟成すると→ ナッツやバターなど濃厚な香り

▶「貴腐ワイン」にも用いられるドイツのぶどう

リースリング

RIESLING

シノニム

- Weisser Riesling
- Johannisberger
- Gewurztraube

など

産地

原産地：ドイツのラインガウ

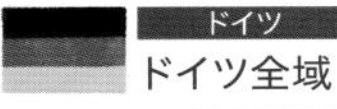

ドイツ全域

フランス
アルザス

オーストラリア

ドイツを代表する品種で、シャルドネの対抗種といわれる。収穫時期や醸造法によって、極甘口の貴腐ワインから辛口まで幅広く用いられる。ぶどう栽培には不向きとされるドイツの寒冷な気候において、リースリングを凌駕する品種は現れていない。

こんなワインになる

味わい	■シャープで豊かな酸が際立つ
色	■深淡い黄色（貴腐ワインは濃い黄色）
香り	■ジャスミン、スズランなどのフローラル系、青りんご、白桃

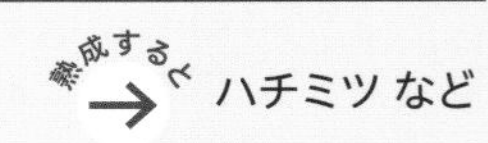

ハチミツ など

▶ほどよい酸味で爽やかな味わい

ソーヴィニヨン・ブラン

SAUVIGNON BLANC

シノニム

- Muskat-sylvaner
- Fume Blanc
- Sauvignon Jaune

など

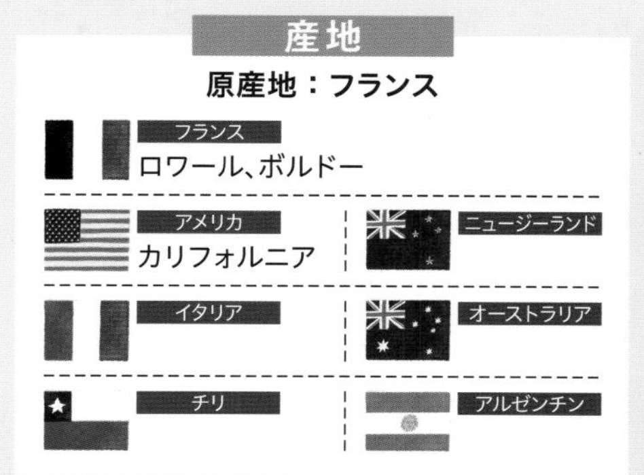

シャルドネ、リースリングに次いで広く用いられている。柑橘系やハーブのような爽やかな香りと、すっきりとした味わいが特徴。ソーヴィニヨン・ブラン特有の青草やパッションフルーツを思わせる香りも感じられ、個性の強さも楽しめる。

こんなワインになる

味わい	■爽やかでキレがよい　■すっきりした酸味
色	■青みのある薄い黄色
香り	■青草、グリーンハーブ ■グレープフルーツ、パッションフルーツなど

▶日本が誇るワインのぶどう

甲州

KOSHU

産地

原産地：日本の山梨県

日本

山梨県甲州市勝沼が原産地。
山形、大阪、鳥取でも栽培されている。

山梨県甲州市勝沼が原産。白ワイン用だが、果皮は薄い紫色をしている。酸味は控えめで、軽やかな果実味が特徴。2010年にはワインの国際的審査期間OIVに登録され、ワイン用のぶどうの品種として「Koshu」が世界的に認められた。

こんなワインになる

味わい	■ほのかな酸味と甘み
色	■透明に近い、グリーンがかったレモンイエロー
香り	■柑橘、ハーブ

まだある！

押さえておきたい ぶどうの品種

白ワイン用品種

シュナン・ブラン
CHENIN BLANC

▶甘口～極辛口まで変幻自在

フランスのロワール地方を中心に栽培される。甘い香りとみずみずしい味わいを持つ。上品な貴腐ワインにもなる。

セミヨン
SÉMILLON

▶貴腐ワイン「シャトー・ディケム」のぶどう

ボルドーのソーテルヌで造られる貴腐ワインの最高峰がセミヨンから生まれる。やさしい口当たりで、熟成によって深みのある味わいに。辛口の白ワインにもなる。

ミュスカ
MUSCAT

▶ぶどうの味がしっかりする

いわゆる「マスカット」。ぶどうらしい甘い香りや、白い花の香りを持つ。甘口ワインに用いられることが多い。

ピノ・ブラン
PINOT BLANC

▶アルザスの辛口白ワイン

オーストリアでは貴腐ワイン、イタリアなどではスパークリングワインといったように、国によってさまざまな用途に用いられる。

ゲヴュルツトラミネル
GEWÜRZTRAMINER

▶華やかな香りで個性的

フランスのアルザス地方で多く栽培される。ライチ、バラなどの華やかな香りを持つ。酸が控えめで、ドライな印象の個性的なワインに。

ミュスカデ
MUSCADET

▶爽やかな柑橘系の香り

フランスのロワール地方で栽培される品種。淡い香りだが、澱（おり）と一緒に熟成をさせる「シュール・リー製法」でコクが出る。

ヴィオニエ
VIOGNIER

▶花の香りを持ち、クリーミーな味わい

フランスのローヌ地方やオーストラリアなどで栽培されている。フローラルな香りがあり、クリーミーな味わいのワインになる。

赤ワイン用品種

サンジョヴェーゼ
SANGIOVESE

▶イタリアで栽培面積が最大

イタリアの代表的な品種。最高級のキアンティ・クラッシコから、日常消費用のワインまで幅広く用いられる。

カベルネ・フラン
CABERNET FRANC

▶青野菜のような特徴的な香り

冷涼な気候でも育つ品種。フランスのロワール地方では単一品種でワインになる。青い香りが特徴的。

ネッビオーロ
NEBBIOLO

▶「バローロ」「バルバレスコ」などを生み出す

イタリア二大銘醸地のひとつ、ピエモンテ州を代表するぶどう。しっかりとした酸とタンニンを持っている。

グルナッシュ
GRENACHE

▶フルーティーで濃厚な味わい

温暖で乾燥した気候を好む。収量を抑えることによって濃厚な味わいを実現できる。

マスカット・ベーリーA
MUSCAT BAILEY-A

▶日本で生まれた赤ワイン用品種

日本のワインぶどうの父と呼ばれる川上善兵衛によって開発されたぶどう。甘さを感じられる果実の香りを持つ。

ガメイ
GAMAY

▶ボージョレ・ヌーヴォーに使われる

軽やかでフルーティーな早飲みタイプがもてはやされるが、芳醇な高級ワインにもなっている。

テンプラニーリョ
TEMPRANILLO

▶スペインの固有品種

スペイン全土で栽培される。濃密な風味を持ち、長期熟成に耐えられるワインを生む。

ジンファンデル
ZINFANDEL

▶アメリカの象徴品種

アメリカの象徴品種で果実味が強い。軽いロゼから濃厚な赤ワインまで、さまざまなスタイルになる。

赤ワインのぶどう品種

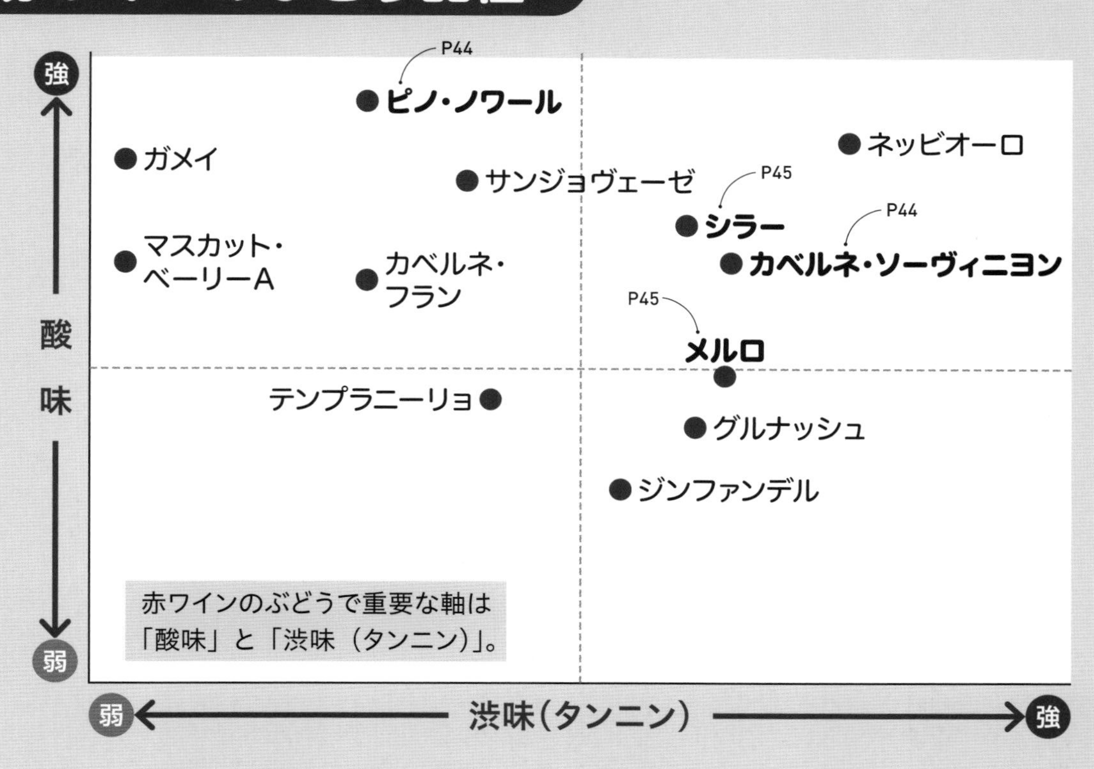

白ワインのぶどう品種

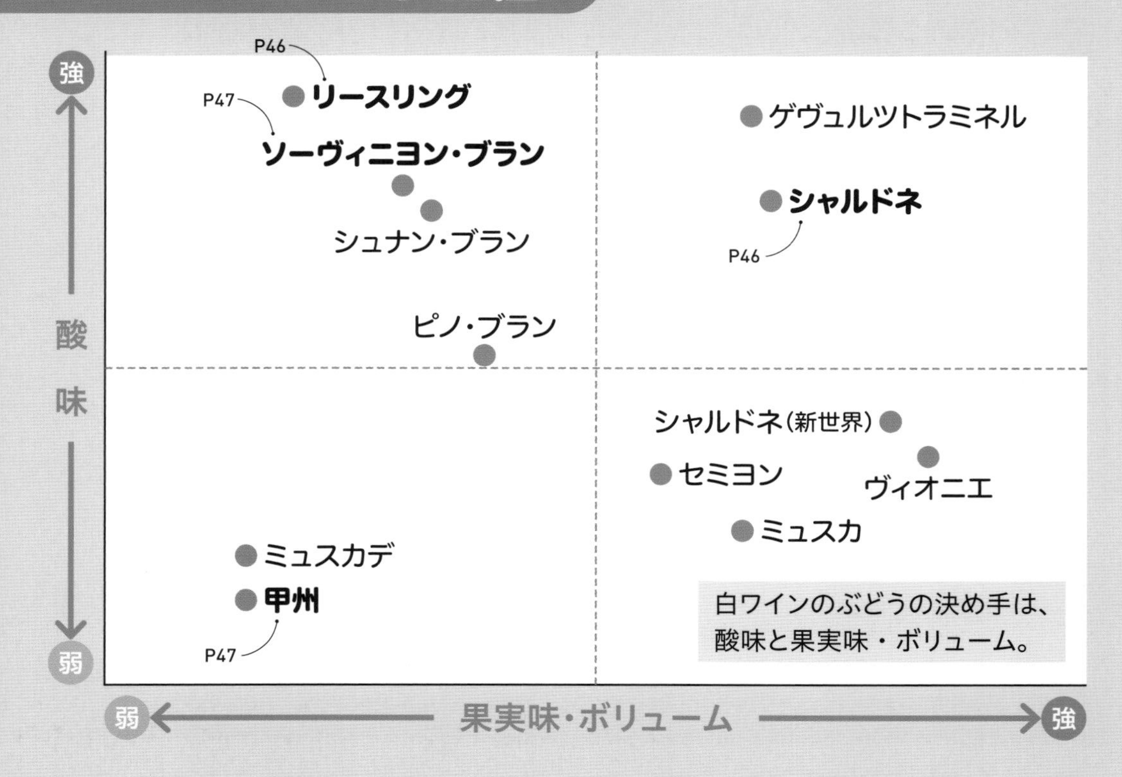

COLUMN

どうやって造られる？
ロゼにまつわる素朴なギモン

「赤と白を混ぜてロゼにするのでは…？」と思っている人も多いかもしれない。この方法も存在するが、ヨーロッパでは一般的には禁止されている。実際には、主な造り方は以下の3通り。美しいピンク色のワインができるまでの工程に思いを馳せてみよう。

造り方はこの3通り

1 ぶどうを収穫し、実を選別する 収穫・選果

↓

2 不要な茎(果梗)を取り、実をつぶす 除梗・破砕

3つの方法にわかれる

方法1
黒ぶどうを用いる
（セニエ法）

↓

3 発酵させる

↓

4 淡く色づいたところで果汁のみを取り出す 圧搾

↓

5 アルコール発酵

↓

6 澱などを取り除く 澱引き・清澄・濾過

↓

7 瓶詰め、瓶熟成

方法2
黒ぶどうと白ぶどうを用いる
（混醸法）

↓

3 アルコール発酵

混醸法では1の段階で、赤ワイン用のぶどうと白ワイン用のぶどうを混ぜておき、まとめて発酵させる。

↓

4 澱などを取り除く 澱引き・清澄・濾過

↓

5 瓶詰め、瓶熟成

方法3
黒ぶどうの果汁のみを用いる
（直接圧搾法）

↓

3 ほんのり色づくよう果汁を強めに絞り取る 圧搾

↓

4 アルコール発酵

↓

5 澱などを取り除く 澱引き・清澄・濾過

↓

6 瓶詰め、瓶熟成

CHAPTER

3

国や地域の特色がよくわかる!

産地別 世界のワインガイド

本編の前に…

知っておきたい「南北」の傾向

「北」のワイン=酸味が豊か、白
「南」のワイン=果実味が豊か、赤

ワインは世界の北と南、国内の北と南といったように「南北の特性の違い」を大まかにつかんでおくと味わいをイメージしやすいのでおすすめだ。

特性1 世界の中の「北」と「南」

- 北 ヨーロッパ(Old World)
- 南 新世界(New World)

ワインの歴史が長いヨーロッパのワインは、食事の邪魔にならない繊細なもの、アメリカやオーストラリアなどの新世界のワインは、果実味あふれるダイナミックな味わいのものが多い。

特性2 大陸の中の「北」と「南」

【例】ヨーロッパなら……

- 北 ドイツ →白ワインの生産が盛ん。シャープな酸を持つ。
- 南 イタリア →地中海の太陽の恵みを受けた果実味のある赤。

大陸の中でも、北と南では造るワインの種類や、味わいが異なる。

特性3 国の中の「北」と「南」

【例】フランスなら……

- 北 アルザスの締まりのある白
- 南 南フランスの果実味の赤

国内でも北部と南部では気象条件などの違いがあり、ワインの個性も異なる。フランスのアルザスではキリッと締まった白、南フランスでは赤ワインが多い。

フランス

世界一のワイン大国

苦しい時代を経て築いた不動のワイン大国

ボルドーとブルゴーニュの二大生産地をはじめ、数々の名立たる産地を要するフランス。各地のテロワールを生かした多彩なワインが生み出されている。

かつては戦争による領地の縮小や病害虫によるぶどうの壊滅的被害などの危機に見舞われ、その影響で粗悪品や産地偽装のワインが流通したことも。こうした経緯から、産地の保護を徹底。法を整備し、フランスはワイン王国としての地位を確固たるものにして現在にいたる。

フランスの産地の特徴

2大生産地

1 ボルドー
BORDEAUX

フランス西部にある地域。ジロンド川とその上流地域。シャトー（P10）で造られる複数の品種をブレンドした赤ワインが秀逸。

有名産地
- ▶メドック
- ▶サン・テミリオン
- ▶ポムロール
- ▶ソーテルヌ

2 ブルゴーニュ
BOURGOGNE

フランス東部にある地域。単一ぶどう品種から造られる偉大なワインは、地域によって味わいが大きく異なる。

有名産地
- ▶シャブリ
- ▶コート・ド・ニュイ
- ▶コート・ド・ボーヌ
- ▶マコネ／シャロネーズ
- ▶ボージョレ

3 南フランス
SOUTH FRANCE

フランス南部のラングドック・ルーシヨン、プロヴァンスを合わせた地域。果実味のあるワインが特徴。

4 コート・デュ・ローヌ
CÔTES DU RHÔNE

ローヌ川流域の地域。赤ワインが有名。北部(北ローヌ）と南部（南ローヌ）で気候が異なり、ワインの味わいも違いがある。

5 ロワール
LOIRE

全長1,000kmにおよぶロワール川流域の地域。4つのエリアに分かれており、ワインの味わいが多様。

6 アルザス
ALSACE

ドイツとの国境付近の地域で、酸のキリッと効いた白ワインを生み出す。ボトルの形もスマートで特徴的。

7 シャンパーニュ
CHAMPAGNE

フランスの中で最北にあるワインの産地。シャルドネやピノ・ノワールなどを使ったスパークリングワイン「シャンパーニュ」はあまりに有名。

フランスワイン2大生産地の違いを比較！

ボルドーとブルゴーニュの赤ワインを徹底比較。
ボルドーでは赤ワインが多く生産されるが、ブルゴーニュでは白ワインの生産も盛ん。

	「生産者」が重視される **ボルドー**	「畑」が重視される **ブルゴーニュ**
多様性か力強さか **味わい**	カベルネ・ソーヴィニヨンを中心としたフルボディの力強い味わい。	華やかな香りを持つ。畑によって多様なのがブルゴーニュワインの味わいの特徴。
使うぶどうの数に注目 **ぶどうの品種**	複数品種をブレンドした赤ワインが多い。赤ワインはカベルネ・ソーヴィニヨン、メルロなど。白ワインは少ないが、セミヨンやソーヴィニヨン・ブランなどが用いられる。	単一品種で造ることが多い。赤ワインはピノ・ノワールやガメイ、白ワインはシャルドネなどを使用。
ぶどうを取り巻く環境 **テロワール（地形・土壌・気候）**	大西洋に近く、暖流によって温暖な気候。大河によって堆積した土壌で、比較的平坦な土地が多い。	地形が変化に富んでおり、土壌が複雑。さまざまな味わいのワインをもたらす。大陸性気候で冷涼。
評価の決め手はまったく異なる **格付け**	「シャトー」（生産者）に対しての格付けがある。複数品種をブレンドするボルドーのワインは、生産者が誰（どこ）なのかということが重要なポイント。	ワイン法により「畑」にまで格付けがおこなわれる。土壌を重視するブルゴーニュならではの格付け。
「クロ・〇〇」「シャトー・〇〇」 **ワインの名前**	「シャトー〇〇」というように、生産者であるシャトー名（メーカー名）がつくことが多い。	注目！ 「畑」を重視するブルゴーニュでは、ワインの名前に土地名（村名や畑名）をつけることが多い。
規模が違う **生産者**	注目！ シャトーがワイン造りをおこなう。複数のぶどうをブレンドして造るワインが多いため、各シャトーの腕前が味わいに反映されやすい。	小規模な生産者が多い。ぶどうの栽培から出荷まで一貫して担う「ドメーヌ」と、ぶどうやワインを買いつけてブレンドして出荷する「ネゴシアン」がいる。
当たりを見つけるか安定性重視か **造り方（醸造法）**	大規模なシャトーで造られるワインは、品質が安定している。	醸造の際に重視するのは土壌、つまりテロワールの個性。ヴィンテージ（収穫年）によって品質にバラつきがあることも。

ボルドーの特徴

シャトーを中心に大規模な生産をおこなう

生産者の多くが「シャトー」と呼ばれる城のような大規模な施設でワインを醸造。広大な土地で、複数品種のぶどうを栽培している。シャトーの名が冠されたワインは、そのシャトーの最上級品であることを示し、中でも以下の五大シャトーは超高級品だ。

五大シャトー

- シャトー・ラフィット・ロートシルト
- シャトー・ラトゥール
- シャトー・ムートン・ロートシルト
- シャトー・オー・ブリオン
- シャトー・マルゴー

ブルゴーニュの特徴

個性の「ドメーヌ」と安定の「ネゴシアン」

ブルゴーニュでは、ワインの生産者は大きく分けて２通り。自分たちの畑でのぶどう栽培から醸造までをおこなう「ドメーヌ」と、農家からぶどうを買い上げ、醸造から瓶詰めまでをおこなう「ネゴシアン」と呼ばれる大企業がある。

ドメーヌのワインの特徴

個性がはっきりわかる

ぶどう栽培からワインの醸造までを一貫して個人がおこなうため、個性が出やすい。

ネゴシアンのワインの特徴

大規模なのでばらつきが少ない

ブレンドして味のバランスを整えられるので、品質が安定している場合が多い。

Italy

イタリア

生産量世界一をフランスと競う

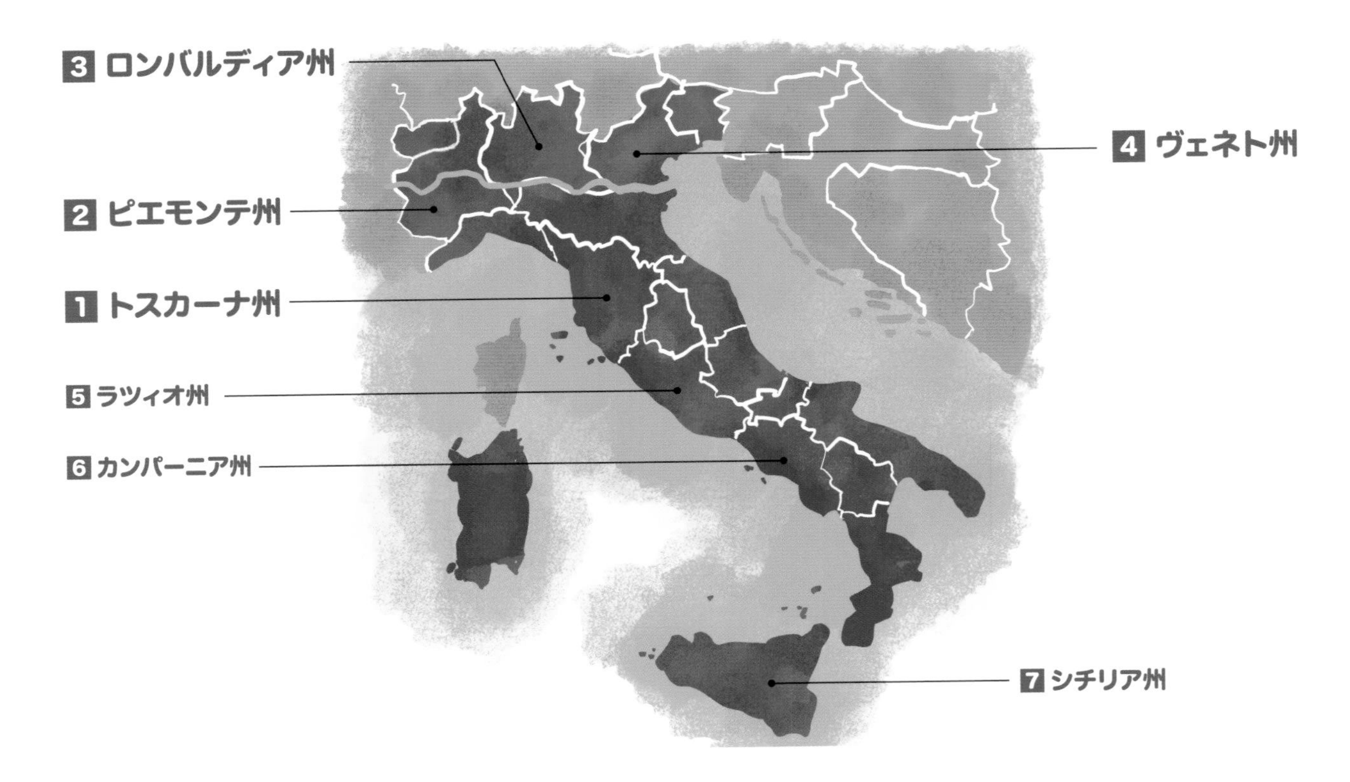

三方を地中海に囲まれ多様性に富んだワイン造り

三方向を地中海に囲まれ、温暖な気候に恵まれたイタリア。全土でワイン造りがおこなわれ、生産量も近年では、フランスをおさえ世界一になることが多い。

南北に伸びるイタリアでは、地域によって異なる気候や土壌を生かし、ぶどうの品種も栽培法も多彩。

加えて、約150年前まで統一国家でなかったことから、各地独特の風土や食文化が色濃く残る点も、個性豊かなワイン造りに大きく影響している。

イタリアの産地の特徴

イタリア代表ワインを生む
1 トスカーナ州
TOSCANA

イタリア二大銘醸地のひとつ。主に高品質な赤ワインで知られ、なかでもキアンティ地区の「キアンティ・クラッシコ」が有名。

「バローロ」の産地
2 ピエモンテ州
PIEMONTE

トスカーナと並ぶ銘醸地。イタリアワインの最高峰とされる赤ワイン「バローロ」で知られる。単一品種のワインが多いのも特徴。

上質なスパークリング
3 ロンバルディア州
LOMBARDIA

北部では力強い赤、中部丘陵・平野地帯では発泡性のスプマンテが生産されている。

バラエティーに富む
4 ヴェネト州
VENETO

ヴェネツィアが州都の北部の地域。イタリア州別産地で生産量トップ。デイリーから長熟ワインまで。

白ワインが多い
5 ラツィオ州
LAZIO

北部と中部で、異なる品種を用いた白ワインが生産される。淡水魚の料理に合う。

古代からのワイン産地
6 カンパーニア州
CAMPANIA

赤も白も造られている。パワフルな赤ワインは長期熟成に耐えられるタイプ。

酒精強化ワインがある
7 シチリア州
SICILIA

地中海に浮かぶシチリア島では、海産物に合わせやすい白ワインの生産が多い。

Germany

ドイツ

冷涼な気候で生まれる爽やかな白

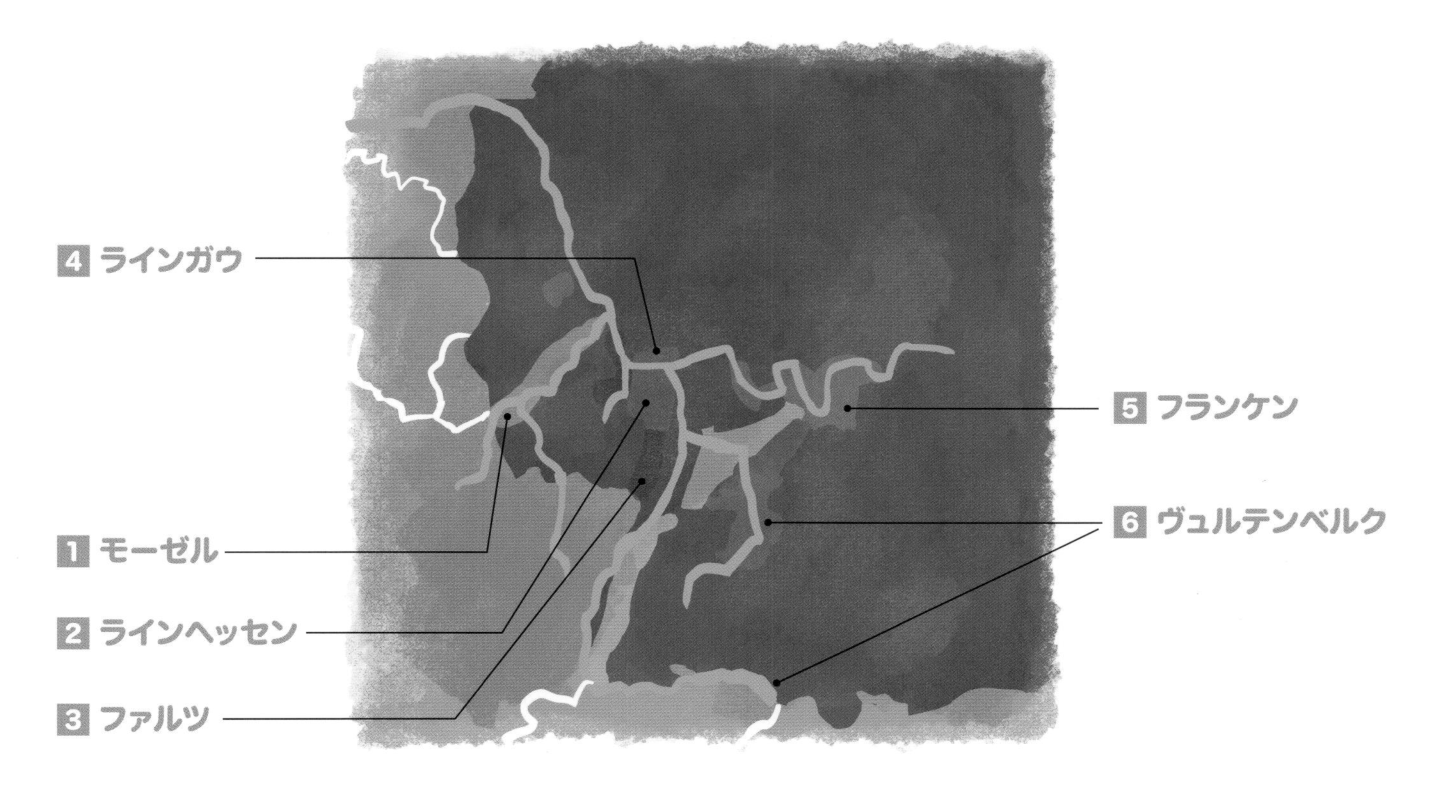

ドイツの産地の特徴

白ワインを多く生産
1 モーゼル
MOSEL
栽培されるぶどうの半数以上はリースリング。果実味あふれるフレッシュでジューシーなワインが造られる。

「貴婦人のワイン」
2 ラインヘッセン
RHEINHESSEN
ドイツ最大の産地。7割が白ワイン。柔らかくデリケートなワインは「貴婦人のワイン」と呼ばれる。

「ドイツワイン街道」がある
3 ファルツ
PFALZ
フランス国境付近まで広がる地域。若手醸造家が集まり、品質向上が目覚ましい。国際的な評価が飛躍的に高まっている。

高級ワインの中心
4 ラインガウ
RHEINGAU
南向きで日当たりがよい土地でぶどうが栽培される。8割以上が白ワイン。力強く、かつエレガント。

ボトルが特徴的
5 フランケン
FRANKEN
シルヴァーナー、ミュラー・トゥルガウなどから造られる辛口白ワインは、引き締まった味わい。

約半数が赤ワイン
6 ヴュルテンベルク
WÜRTTEMBERG
飲みごたえのあるパワフルなワインが多い。高品質の赤ワインを産出する。

「リースリング」が評価され辛口の白が主流に

ドイツはぶどう栽培の北限にあたるが、その厳しく冷涼な気候のおかげで酸の豊かなぶどうが育つ。

代表的な品種はリースリング。21世紀に入ってから、世界的に評価が高まっており、白ワインの生産が増加傾向に。かつてドイツでは甘口が親しまれていたが、現在では辛口の白が主流になっている。

ちなみにドイツのワインは地域ごとにボトルの色に特徴があり、モーゼルは緑色、ラインガウは茶色のボトルが多い。産地を判断する際の参考に。

Spain

スペイン＆ポルトガル

イベリア半島で生まれる多彩なワイン

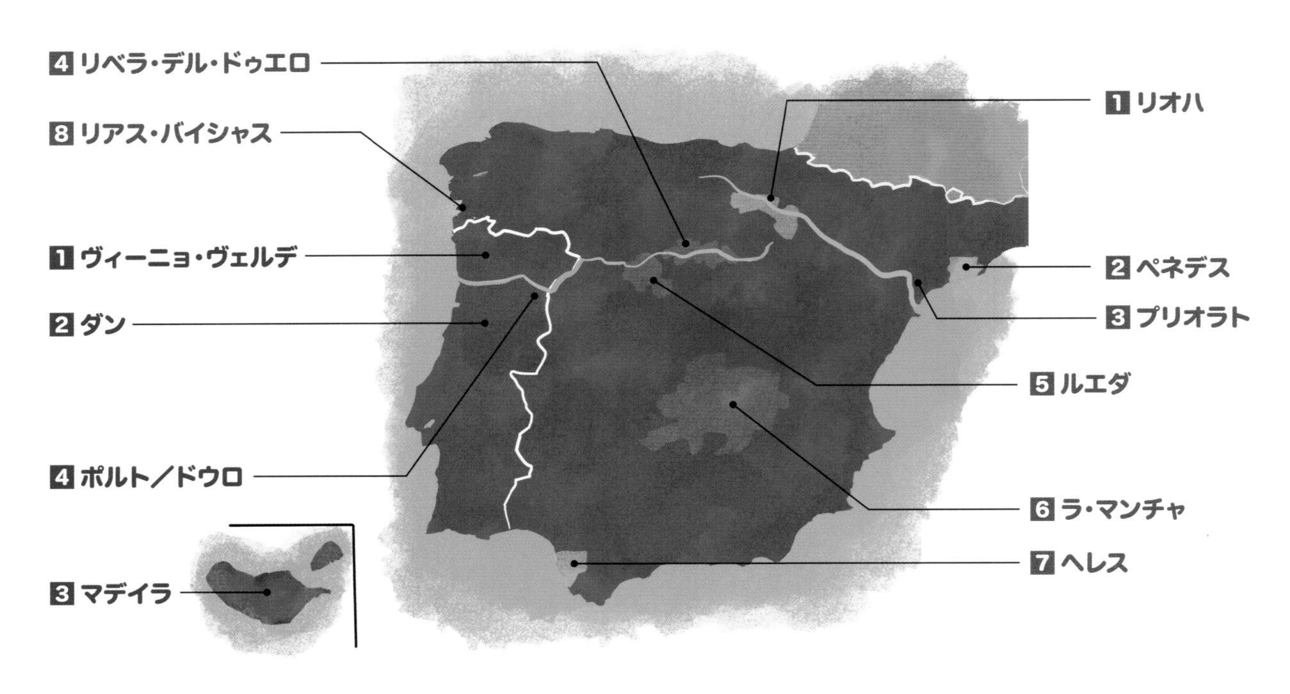

ポルトガルの産地の特徴

紀元前から始まった歴史あるワイン造り

ポルトガルのワインの歴史は古く、紀元前600～500年には始まっていたという。昼夜の寒暖差が激しい気候が良質のぶどうを生み、北部エリアでは早飲みタイプの白ワインが多く造られる。また、酒精強化ワインの「ポートワイン」なども世界的に有名。

1 ヴィーニョ・ヴェルデ
VINHO VERDE

生産量が国内で最も多い。「ヴェルデ」とは「緑」の意。若いワインを指す。主に辛口白ワインを生産。早飲みタイプが多い。

2 ダン
DÃO

南北を山脈で囲まれた標高の高い盆地。生産量の8割以上は赤ワイン。夏と冬の気温差が力強い赤ワインを生む。

酒精強化ワイン

三大酒精強化ワインのひとつがある

3 マデイラ
MADEIRA

酒精強化ワイン「マデイラ」の産地。ワインを加熱熟成させるという独特の製法。

「ポートワイン」の産地

4 ポルト／ドウロ
PORTO/DOURO

「ポートワイン」（P6）の産地。ドウロ川の支流と渓谷でポートワインのもとになるワインが造られる。

スペインの産地の特徴

ぶどう栽培面積は世界屈指カバやシェリーも名産

広大な国土と良好な気象条件が相まって、ぶどう栽培面積は世界屈指。スパークロングワインの「カバ」や酒精強化ワイン※である「シェリー」は特に広く知られる。スペインのぶどうの主要品種「テンプラニーリョ」から造る赤ワインもぜひ押さえておきたい。

1 リオハ
RIOJA

1年を通じて温暖な気候が特徴的。固有品種のテンプラニーリョで造る高貴な赤ワインは、早飲みから長期熟成タイプまで幅広い。

2 ペネデス
PENEDÉS

スパークリングワインの「カバ」の産地。カベルネ・ソーヴィニヨンなどを使った繊細な赤ワインも見逃せない。

3 プリオラト
PRIORATO

伝統的なワイン産地。現在はモダンなスタイルのワインが造られている。

4 リベラ・デル・ドゥエロ
RIBERA DEL DUERO

ドゥエロ川を挟む細長い地域。テンプラニーリョの赤ワインを生む。世界的に評価されているブランドも増えている。

5 ルエダ
RUEDA

6 ラ・マンチャ
LA MANCHA

7 ヘレス
JEREZ

酒精強化ワインの「シェリー」の産地。シェリーは「ヘレス」の英語風の呼び方。

8 リアス・バイシャス
RÍAS BAIXAS

大西洋に面する地方。雨が多いが水はけがよい。96％がアルバリーニョという品種で、白ワインが主流。

※酒精強化ワイン…ワインの醸造過程でアルコールを添加し、保存性を高めたもの。

Austria

オーストリア＆ハンガリー

ボリューム感のある味わいが楽しめる

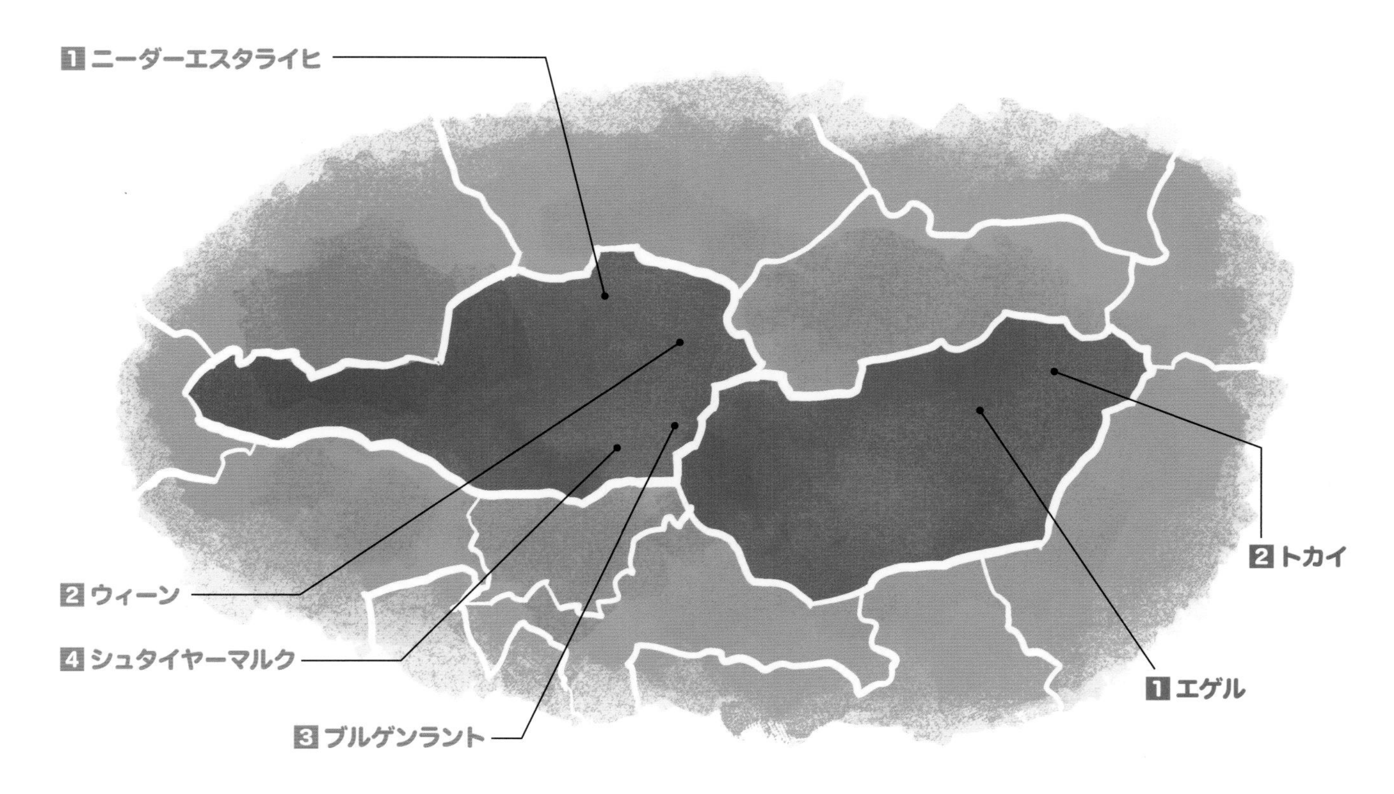

オーストリアの産地の特徴

果実味のあるぶどうフルボディが主流

国境を接するドイツよりも温暖で、果実味のあるしっかりとしたぶどうが育つ。そのため、ワインも白はボリューム感のある辛口が、赤はタンニンの強いフルボディが主流。固有品種の白ぶどう「グリューナー・ヴェルトリーナー」も押さえておこう。

ハンガリーの産地の特徴

「雄牛の血」の赤ワインや甘口の「トカイ」が有名

紀元前からぶどう栽培がおこなわれ、ワイン造りの歴史は非常に長い。エゲルでは「雄牛の血」と呼ばれる、ハンガリーを代表する赤ワインが生産されている。また、皮の薄いフルミント種を使った極甘口の貴腐ワイン「トカイ」も有名だ。

生産の大半を担う

1 ニーダーエスタライヒ

NIEDERÖSTERREICH

国内栽培面積の60%を占める。ヴァッハウ、スマラクトなど8つの地域にわかれている。

新酒を楽しむ「ホイリゲ」が有名

2 ウィーン

WIEN

ひとつの畑に複数の品種を植え、醸造も混ぜて造る「ゲミシュター・サッツ」というタイプのワインが特徴的。

赤ワインが主流

3 ブルゲンラント

BURGENLAND

国内の赤ワインの半分近くが生産される。ブラウフレンキッシュやツヴァイゲルトという品種を用いる。

白ワインが主流

4 シュタイヤーマルク

STEIERMARK

造られるワインのほとんどは白。ヴェストシュタイヤーマルクという地域では酸の強烈なロゼワインがある。

「雄牛の血」と呼ばれる赤

1 エゲル

EGER

「エグリ・ビカヴェール」という赤ワインが有名。16世紀に起きたトルコとの戦いによる故事が由来。

甘口ワイン「トカイ」を生む

2 トカイ

TOKAJI

特に有名な生産地域。皮の薄いフルミントという品種は貴腐菌がつきやすいため、貴腐ワインに向いている。世界三大貴腐ワインのひとつ「トカイ」を生産。

America

アメリカ

新世界ワインの代表格

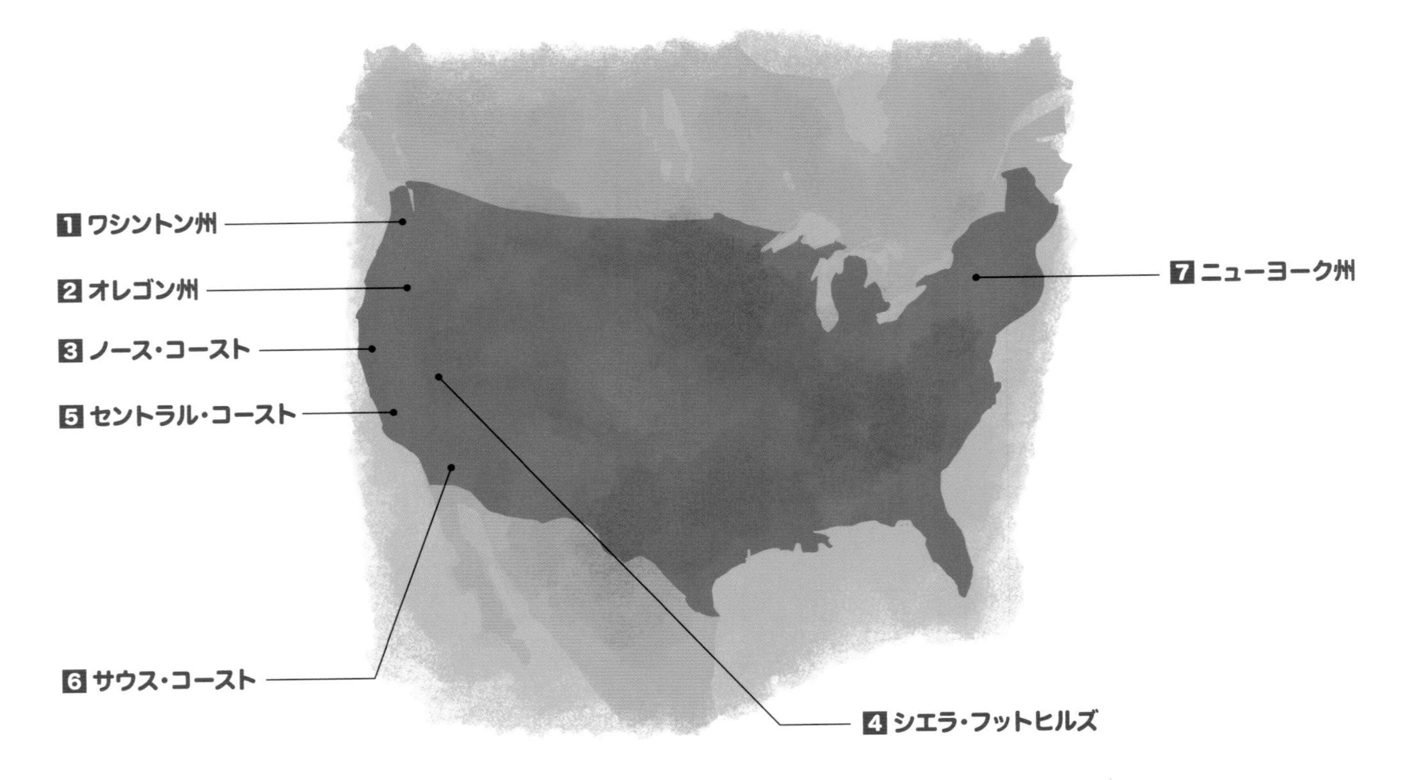

カリフォルニアを中心に生産消費面でも世界を牽引

もともとアメリカに自生するぶどうは高品質ワインには適していなかったことから、欧州からぶどうの木を輸入。19世紀半ばに起きたゴールドラッシュの際にはカリフォルニアを中心にワインブームが起きるが、1920～1933年の禁酒法によりワイン産業は大打撃を被った。

こうした波乱を乗り越え、現在では生産量も世界第4位に躍進。さらに消費量は生産量を上回るほどの一大ワイン大国となっている。

北米のワインの産地はカリフォルニア州が全体の約90%を占めるが、最近では他地域の台頭も目覚ましい。

アメリカの産地の特徴

濃厚な赤ワイン

1 ワシントン州

WASHINGTON

カリフォルニアに続き、第2位の生産量を誇る。白ワイン用のぶどうと赤ワイン用のぶどうが半分ずつ栽培されている。

酸味のあるピノ・ノワール

2 オレゴン州

OREGON

全米第4位のワイン生産量。ピノ・ノワールが中心。ウィラメット・ヴァレーは海洋性の冷涼な気候で酸味のある赤ワインが生まれる。

カリフォルニア州

最高級ワインの産地

3 ノース・コースト

NORTH COAST

カリフォルニアの主要産地。800ものワイナリーが集まる。中でもナパやソノマの赤ワインは世界的に評価される。

ジンファンデルで造るワイン

4 シエラ・フットヒルズ

SIERRA FOOTHILLS

シエラ・ネヴァダ山脈の西側の斜面に存在する産地の総称。良質のジンファンデルなどのぶどうで造る赤ワインで知られる。

冷涼な気候

5 セントラル・コースト

CENTRAL COAST

広大で肥沃な平地。カリフォルニアのワインの70%がここで生産される。大量生産によって、安定した品質のワインが造られる。

テーブルワインを生む

6 サウス・コースト

SOUTH COAST

カリフォルニア南部。気温が高い。ソーヴィニヨン・ブランやシャルドネが栽培されているが、主に地元消費用のテーブルワイン。

個性のある土着品種

7 ニューヨーク州

NEW YORK

長い間国際品種の栽培ができないと思われており、ヴィティス・ラブルスカという独特の香りを持つぶどうでのワイン造りがおこなわれていた。20世紀以降、フランスの品種との交配種の栽培が始まり、いまではフランス系品種からも高品質なワインが造られている。

Australia   Newzealand

オーストラリア＆ニュージーランド

品質向上が目覚ましいオセアニア

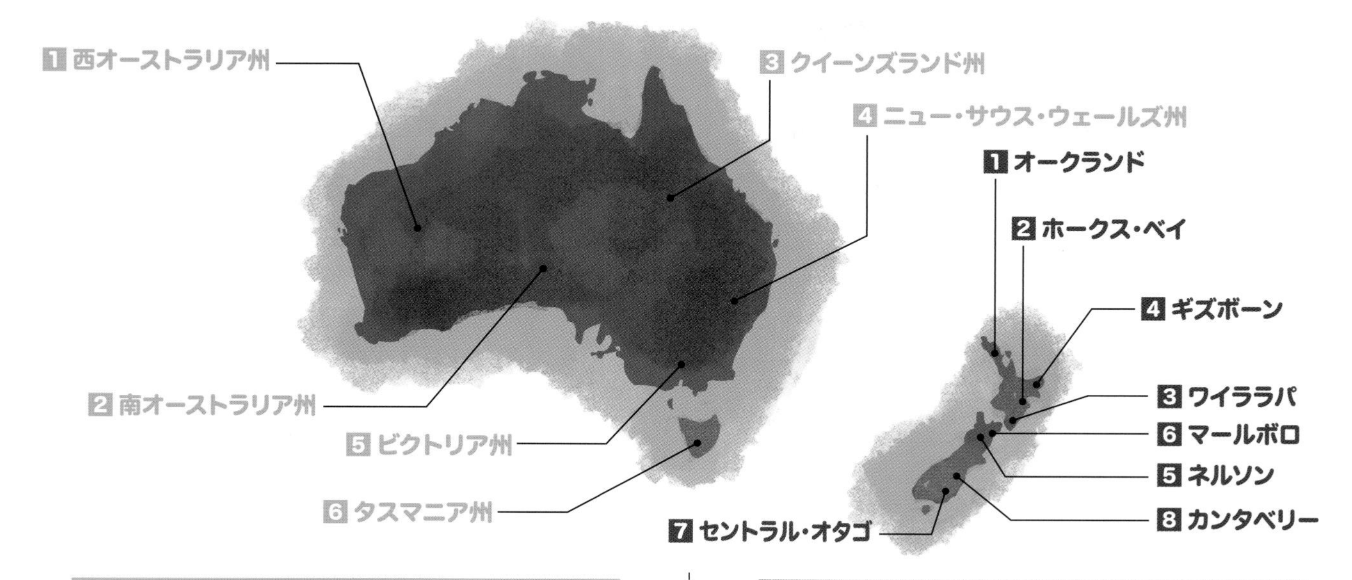

オーストラリアの産地の特徴

南部各地で異なる特性 西オーストラリア州も高品質

ワインの生産は、主に南側半分の地域でおこなわれる。同じ南部でもエリアごとにテロワールが異なり、育つぶどうの味わいや品種にも違いが。こうした背景が産地ごとのワインの特性を生み出している。西オーストラリア州の高品質ワインも注目度が高い。

1 西オーストラリア州
WESTERN AUSTRALIA

生産量は全体の5%だが、高品質なワインを生み出す。マーガレット・リヴァーはボルドーと似た気候。カベルネ・ソーヴィニヨンの赤や、白ワインも有名。

2 南オーストラリア州
SOUTH AUSTRALIA

国内生産量の大半が南オーストラリア州で生まれる。バロッサ・ヴァレーにはオーストラリアの主要なワイナリーが本社を構える。シラーズ種の銘醸畑も多い。

3 クイーンズランド州
QUEENSLAND

以前は日常消費用のワインの生産が盛んだったが、最近では高級ワイン用のぶどうの栽培をおこない、急成長を遂げている。

4 ニュー・サウス・ウェールズ州
NEW SOUTH WALES

1790年代にシドニーの周辺でぶどう栽培が始まった。現在は個性的な小規模ワイナリーが集まるようになっている。

5 ビクトリア州
VICTORIA

冷涼な気候。特にヤラ・ヴァレーでは評価の高いスパークリングワインや、ピノ・ノワールの赤を生む。

6 タスマニア州
TASMANIA

赤はピノ・ノワール、白はシャルドネの生産拠点。収穫したぶどうはフェリーで運ばれ、本土でワイン造りがおこなわれる。

ニュージーランドの産地の特性

寒暖差のある地で育つ 豊かな酸と果実味

南島と北島にそれぞれ主要産地が点在。周囲を海に囲まれた海洋性気候で、全般的に冷涼だ。「1日の中に四季がある」といわれるほど昼夜で寒暖の差が激しく、ニュージーランドで育つぶどうは酸が豊か。ゆっくりとした成熟で凝縮された果実味も楽しめる。

北島

1 オークランド
AUCKLAND

2 ホークス・ベイ
HAWKES BAY

ニュージーランド第2の産地。ここで栽培されるシャルドネは、トロピカルフルーツのような香り。リースリング、カベルネ・ソーヴィニヨンも評価が高い。

3 ワイララパ
WAIRARAPA

首都ウェリントン北東にある。マーティンボロ地区で生産されるピノ・ノワールは世界的に高い評価を得ている。

4 ギズボーン
GISBORNE

南島

5 ネルソン
NELSON

6 マールボロ
MARLBOROUGH

ニュージーランドで最大の産地であり、マールボロのソーヴィニヨン・ブランは世界的にも有名。

7 セントラル・オタゴ
CENTRAL OTAGO

ニュージーランドで最も標高が高い冷涼な地区。ピノ・ノワールが生産量の75%を占める。

8 カンタベリー
CANTERBURY

チリ＆アルゼンチン

南米の二大主要生産地

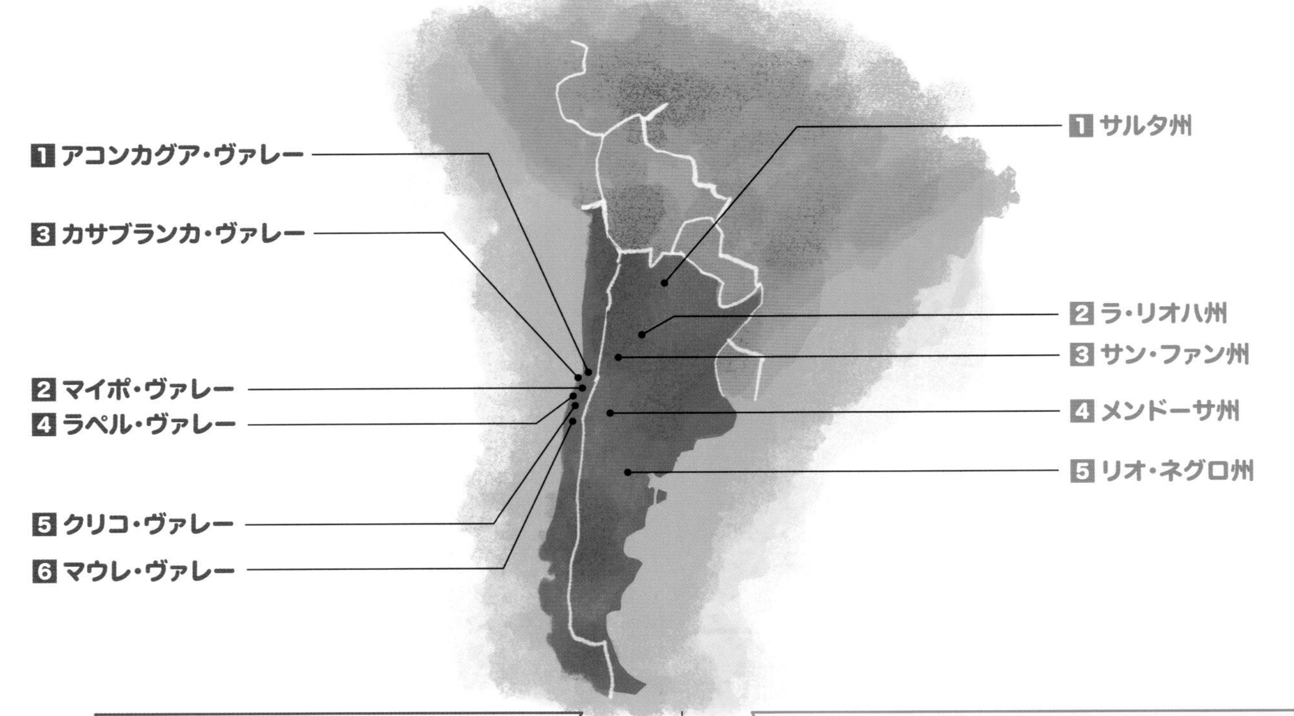

チリの産地の特徴

果実味豊かな味わいでワイン入門者にも親しまれる

チリのワインは、かつて日本でもブームになったことからすっかり定着。コストパフォーマンスに優れ、完熟したぶどうから造られる果実味豊かな味わいは、ワイン入門者にもおすすめだ。最近では生産技術もよりいっそう進歩し、高品質、高価格帯のものも多く登場している。

1 アコンカグア・ヴァレー
ACONCAGUA VALLEY

日照量が多く、1日の寒暖差が大きいため、凝縮された糖度の高いぶどうが育つ。しっかりとした味わいの赤ワインが多い。

2 マイポ・ヴァレー
MAIPO VALLEY

カベルネ・ソーヴィニヨンやメルロなど、ヨーロッパの優良品種が栽培される。

3 カサブランカ・ヴァレー
CASABLANCA VALLEY

冷涼な海風が吹くため、涼しい気候で育つシャルドネやソーヴィニヨン・ブランなどが多い。最近では気温が高めの場所でシラーも栽培されている。

4 ラペル・ヴァレー
RAPEL VALLEY

しっかりとした赤ワインを生むカチャポアル・ヴァレー、シラーやソーヴィニヨン・ブランの栽培もおこなうコルチャグア・ヴァレーが主要な地域。

5 クリコ・ヴァレー
CURICÓ VALLEY

湿度の高い地中海性気候。ソーヴィニヨン・ブランの栽培面積が国内最大。

6 マウレ・ヴァレー
MAULE VALLEY

カベルネ・ソーヴィニヨンの生産量が多い。冬に雨が多いが、それ以外は高温乾燥の気候が続く。

アルゼンチンの産地の特徴

減反政策後に品質向上　高品質ワインも好評

過剰生産が続く中、1977年にとった減反政策により、新たな栽培技術と醸造法を導入。これによって標高が高く冷涼な土地でも上質のぶどうが育つようになり、ワインの質も向上した。近年では高品質ワインも増え、国際的評価も高まっている。

1 サルタ州
SALTA

トロンテスをはじめ、シャルドネ、シュナンなどを用いた白ワインを生産している。

2 ラ・リオハ州
LA RIOJA

アルゼンチンの白ワインの代表品種である「トロンテス」が主に栽培されている。

3 サン・ファン州
SAN JUAN

世界的に認められる生食用ぶどうの産地でもある。近年はシラーを使用した赤ワインが注目されている。

4 メンドーサ州
MENDOZA

国内のワインの70～75％を生産する中心的な地域。中央部は特にぶどうの栽培条件に適している。

5 リオ・ネグロ州
RÍO NEGRO

ネグロ川の流域の地域。上流では酸が強いワインが生まれる。中流はぶどう栽培に適した気候でマルベックやメルロなどが栽培される。

South Africa

南アフリカ

高品質な赤ワインが評価される

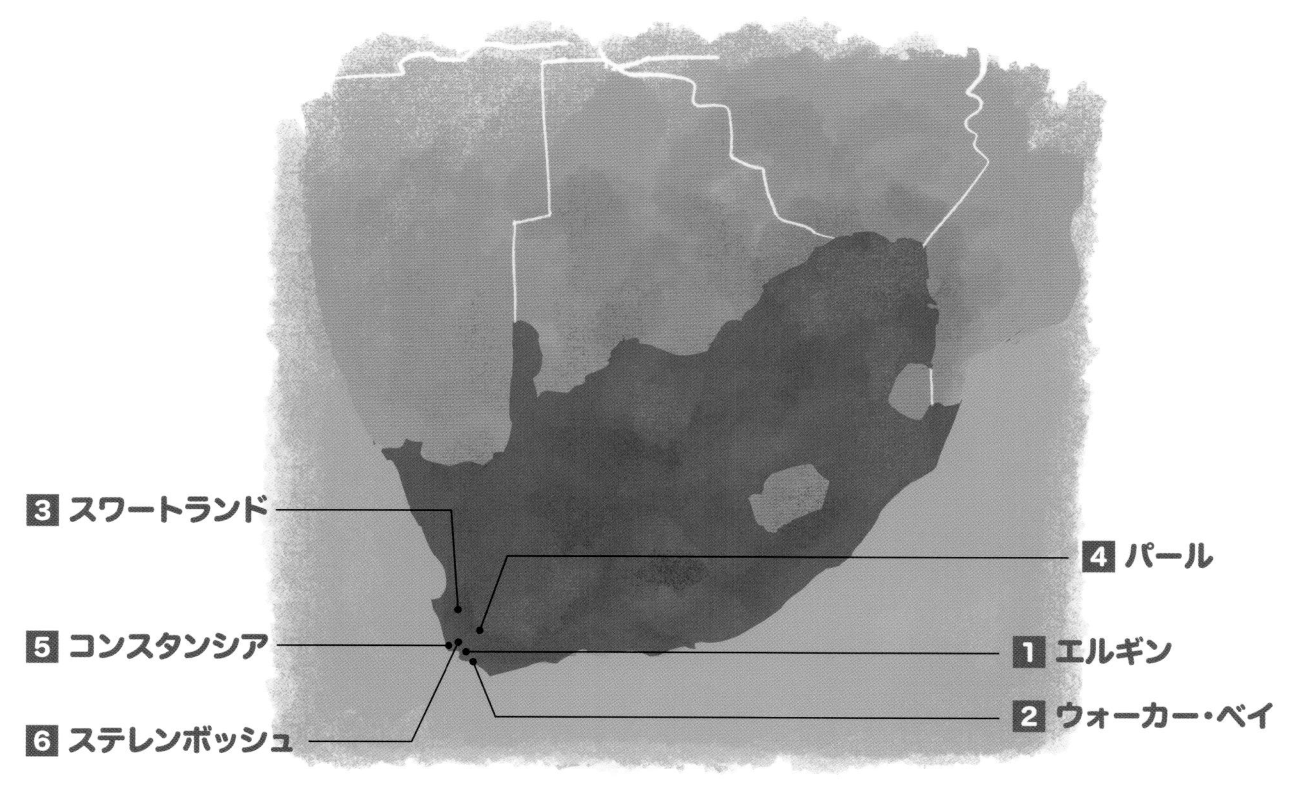

南仏のような気候が特徴 1990年代から輸出を拡大

アフリカでワインが造られているというと意外に思うかもしれない。もちろん灼熱の砂漠地帯では無理だが、アフリカ大陸の南端は南フランスと似た気象条件で、ワイン造りに適している。

南アフリカでは1970年代から高級ワインの生産に力を入れ、91年のアパルトヘイト全廃後には輸出も拡大。現在では世界で広く飲まれるようになった。赤ワインは特に評価が高く、中でも固有品種「ピノタージュ」を使ったものが特徴的だ。

南アフリカの産地の特徴

近年注目の産地

1 エルギン
ELGIN

標高が高く冷涼。近年注目されている産地で、シャルドネ、ソーヴィニヨン・ブランの白ワインのほか、ピノ・ノワールも良質。

シャルドネとピノ・ノワールが高評価

2 ウォーカー・ベイ
WALKER BAY

海に近接する冷涼な地域。シャルドネとピノ・ノワールのワインは、南アフリカで最も評価が高い。

小規模生産者のメッカ

3 スワートランド
SWARTLAND

小規模生産者のメッカとして注目が集まる。ぶどうはシラーやシュナン・ブランが代表的。

白が中心

4 パール
PAARL

砂、花崗岩(かこう)、粘土などエリアによって土壌の質が異なる。平均気温は19 ～ 21℃と、やや気温が高い。夏には灌漑をおこなってぶどうの品質向上を目指している。白ワイン用のぶどうが中心。

冷涼な気候

5 コンスタンシア
CONSTANTIA

西側に山、東側は海で、冷涼な気候なため、酸の豊かなワインが生産される。伝統的な甘口ワインの銘醸地。一時低迷していたが、近年復活した。

国際品種を栽培

6 ステレンボッシュ
STELLENBOSCH

エールステ川上流では赤ワイン用のぶどう、下流では上質な白ワイン用のぶどうがとれる。

日本

気鋭のワイナリーも続々登場

※地図に記載のワイナリーは
本書(P88～)で紹介しているもの

ワイナリー数は400超 造り手の技術も向上

日本にぶどうが伝えられたのは、奈良～平安時代とされる。しかしワイン造りに適したものはなかなかなく、その後の品種改良や醸造技術の向上によって優良なワインが造られるようになった。

2022年現在、国内のワイナリー数は400超。山梨や長野、北海道などを中心に、全国各地で個性豊かなワインを楽しむことができる。日本ならではの柔らかく繊細な味わいをぜひ楽しんでみてほしい。

日本の産地や特徴

ドイツやフランス系のぶどうが秀逸

1 北海道

HOKKAIDO

ケルナー、ミュラー・トゥルガウなど、寒さに強いドイツ系の品種に加え、近年はフランス系のぶどうも素晴らしい。また、最近は空知や余市のエリアのワイナリーに注目が集まる。

ぶどう栽培に適した土壌

2 山形県

YAMAGATA

山梨県、長野県、北海道に次ぐ第4の産地。マスカット・ベーリーAのほかに、メルロやカベルネ・ソーヴィニヨン、シャルドネなどの欧州品種から高品質ワインを生み出す。

寒暖差で糖度の高いぶどうが育つ

3 長野県

NAGANO

塩尻は雨量が少ないため、桔梗ヶ原(ききょうがはら)を中心に良質のぶどうができる。また、長野県では近年、4つの産地エリアからなる「信州ワインバレー」を形成し、良質なワイン造りに注力。主に千曲川流域の東御市などではドメーヌ型ワイナリーが数多く誕生している。

日本のワインの中心

4 山梨県

YAMANASHI

全国の生産量の約4分の1を占める日本最大のワイン産地。大手のワインメーカーのワイナリーも集まっている。主要品種は甲州(P47)、マスカット・ベーリーA(P48)だが、ヨーロッパの品種の栽培も進む。

CHAPTER

4

いまこそ飲みたい! 至福のワイン 106選

毎日楽しめる2000円前後のワインから
特別な日に飲みたい1本までたっぷりご紹介!

本特集をお楽しみいただくにあたって

●各ワインの「味わいチャート」は、本書監修者および監修協力者のテイスティングによるものです。味や香りの感じ方には個人差があることをふまえたうえでご参照ください。

●掲載価格は2022年10月4日現在での消費税（10%）込みのものです。今後、さまざまな情勢等により価格改定される場合があります。

●ワインの在庫数は日々変動します。時期によっては掲載商品がすでに完売していたり、ヴィンテージが変更になっている場合があります。また、同じワインでもヴィンテージによって味わいや香り、アルコール度数等が異なることがあります。

シャトー・ヴァランドロー

ジャン・リュック・テュヌヴァン バッド・ボーイ2018

Jean-Luc Thunevin Bad Boy

赤

遊び心ある“悪ガキ”の赤は果実味豊かで心も元気に

“悪ガキ”の名を冠したワインは、ジャン・リュック・テュヌヴァンが、多くの人に飲んでほしいとの思いから誕生。やんちゃな動物ラベルを眺めながら味わう果実味豊かな赤は、気持ちを元気にしてくれる。

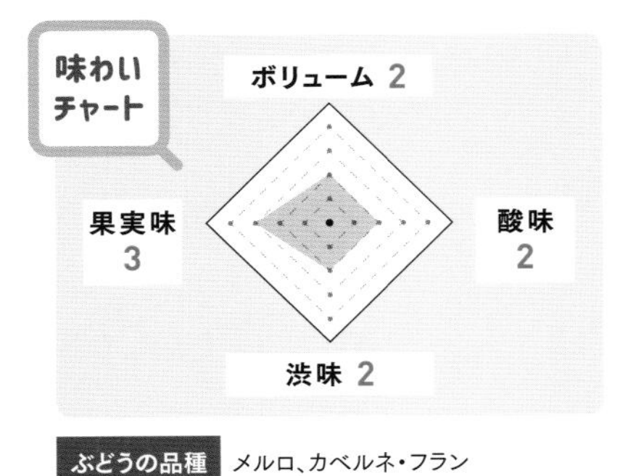

ぶどうの品種 メルロ、カベルネ・フラン

■生産地：ボルドー
■アルコール度数：15.0%　■内容量：750ml　■参考価格（税込）：3850円

輸入・販売元 テラヴェール株式会社 https://terravert.co.jp/

バロン・フィリップ・ド・ロスチャイルド

ムートン・カデ・ルージュ

MOUTON CADET ROUGE

赤

世界で愛されるボルドーワイン洗練された味わいが魅力

メドック格付け第一級シャトーを所有するバロン・フィリップ・ド・ロスチャイルドが手がける、カジュアルな1本。果実の凝縮感をしっかり楽しむことができる。この価格帯で洗練された味わいは流石のひと言。

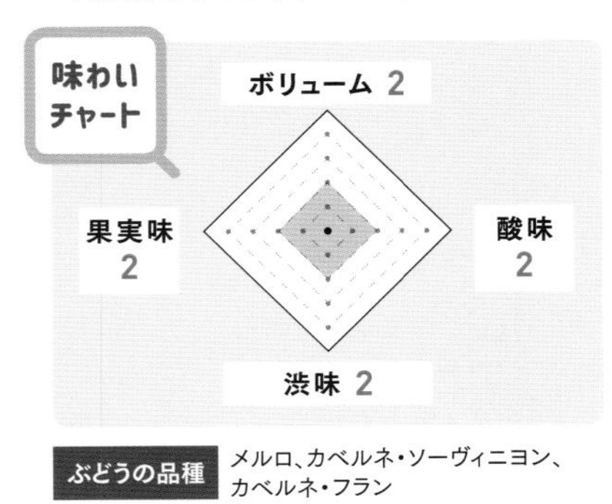

ぶどうの品種 メルロ、カベルネ・ソーヴィニヨン、カベルネ・フラン

■生産地：ボルドー
■アルコール度数：13.5%　■内容量：750ml　■参考価格（税込）：1815円

輸入・販売元 エノテカ株式会社 https://www.enoteca.co.jp

FRANCE

シャトー・コス・デストゥルネル

ジェ・デストゥルネル

G D'ESTOURNEL

赤

コス・デストゥルネルがメドックで手がける入門ワイン

格付け第一級シャトーに迫る品質を誇るシャトー・コス・デストゥルネルが、メドック北部「グレ」の冷涼で風通しが良い畑で手がけている1本。熟した果実のアロマと豊かな果実味を楽しみたい。

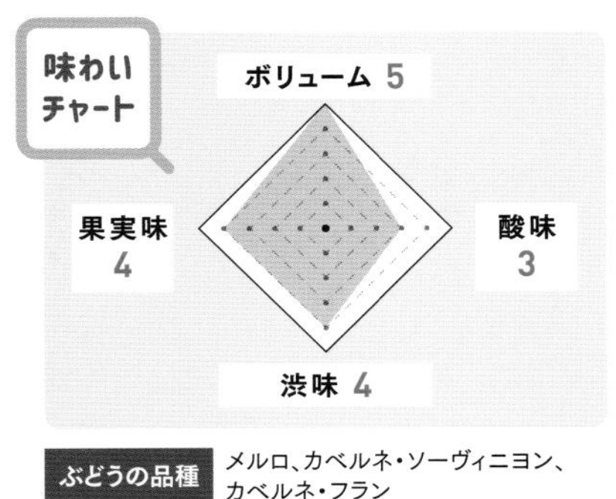

ぶどうの品種 メルロ、カベルネ・ソーヴィニヨン、カベルネ・フラン

■生産地：ボルドー
■アルコール度数：13.5%　■内容量：750ml　■参考価格（税込）：6380円

輸入・販売元 エノテカ株式会社 https://www.enoteca.co.jp

シャトー・オー・セゴット

シャトー・オー・セゴット 2014

CHATEAU HAUT-SEGOTTES

赤

長い歴史を誇るシャトーでテロワールを最大限に表現

1850年頃より続く家族経営のシャトーが造る、テロワールを最大限に表現したワイン。樽由来のカカオやコーヒーの香り、メルロの柔らかい質感、そしてカベルネ・フランのしなやかさのバランスが絶妙。

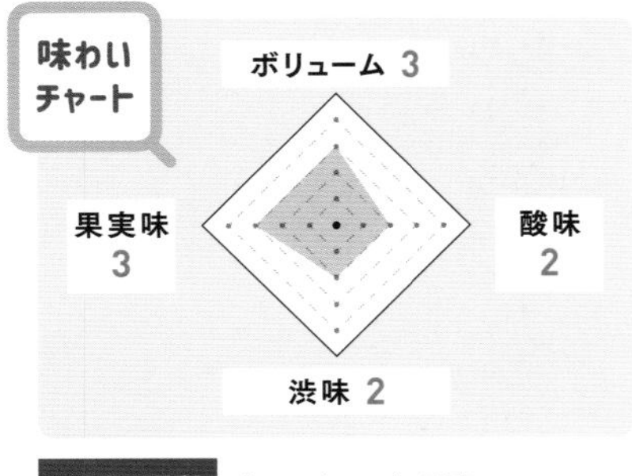

ぶどうの品種 メルロ、カベルネ・フラン

■生産地：ボルドー
■アルコール度数：13.5%　■内容量：750ml　■参考価格（税込）：5280円

輸入・販売元 株式会社横浜君嶋屋 TEL:045-251-6880

シャトー・ギロー

ル・ジェ・ド・シャトー・ギロー 2020

Le G de Chateau Guiraud

白

温度とともに香りも変化 料理に寄り添う白ワイン

冷やすとソーヴィニヨン・ブランらしいグレープフルーツなどのような柑橘の香りが爽やかに引き立ち、温度が上がるとともにトロピカルフルーツの香りに。幅広い料理に寄り添ってくれる1本。

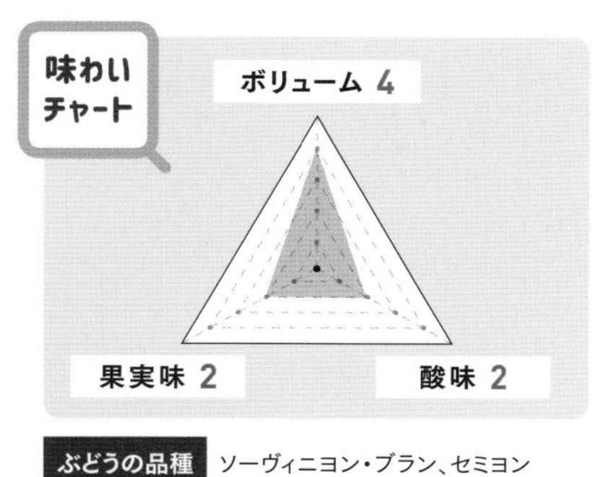

ぶどうの品種 ソーヴィニヨン・ブラン、セミヨン

■生産地：ボルドー
■アルコール度数：13.5%　■内容量：750ml　■参考価格（税込）：3080円

輸入・販売元 株式会社モトックス TEL:0120-344101

シャトー・ラ・チュイルリー

シャトー・ラ・チュイルリー ブラン 2018

Chateau La Tuilerie

白

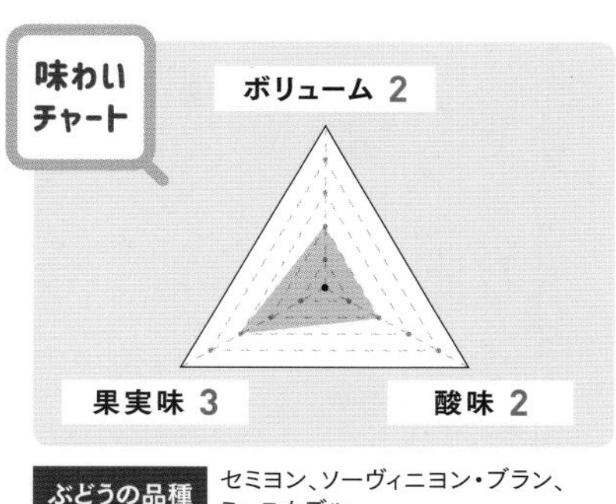

平均樹齢 35 年のぶどうを使用 前菜の魚料理とも好相性

平均樹齢 35 年のぶどうから造られた1本は鮮やかな麦わら色をまとい、柑橘系の香りの中にクルミやドライフルーツを感じさせる。すっきりした酸と重すぎないコクは、ヒラメのムースなど前菜の魚料理と合う。

ぶどうの品種 セミヨン、ソーヴィニヨン・ブラン、ミュスカデル

■生産地：ボルドー
■アルコール度数：12.5%　■内容量：750ml　■参考価格（税込）：2187円

輸入・販売元 サッポロビール株式会社 TEL:0120-207-800（お客様センター）

シャトー・モン・ペラ

シャトー・モン・ペラ ブラン

Chateau Mont-Perat Blanc

白

シャトーは人気漫画にも登場 ソースで仕上げた魚介類と

歴史あるシャトー・モン・ペラは、漫画『神の雫』に登場し日本でも一躍有名に。ぶどうの完熟した味わいとオーク樽熟成からくる厚みで、ソースをかけたホタテ貝のグリエなどと好相性。

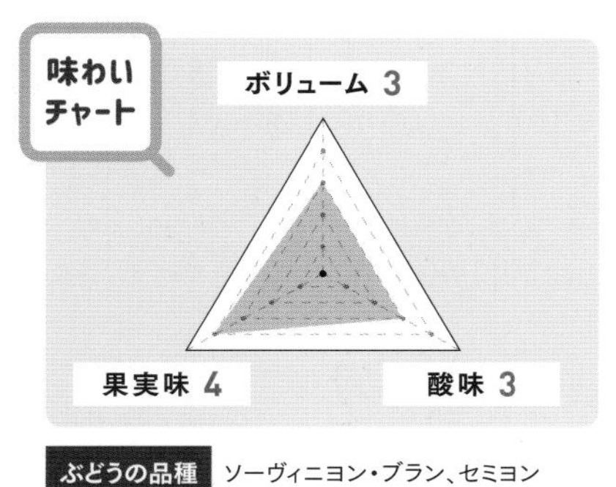

ぶどうの品種 ソーヴィニヨン・ブラン、セミヨン

■生産地：ボルドー
■アルコール度数：13.0%　■内容量：750ml　■参考価格（税込）：2750円

輸入・販売元 エノテカ株式会社 https://www.enoteca.co.jp

シャトー・レイノン

シャトー・レイノン ブラン2016

CHATEAU REYNON BLANC

白

白ワインの権威のもとで醸造 温かい魚料理と合わせたい

白ワインの権威でボルドー大学教授・デュブルデュー氏所有のシャトーで造られ、トロピカルフルーツの香りや軽い樽香のバランスが洗練された味わい。サーモンのソテーなど、温かい魚料理と相性がいい。

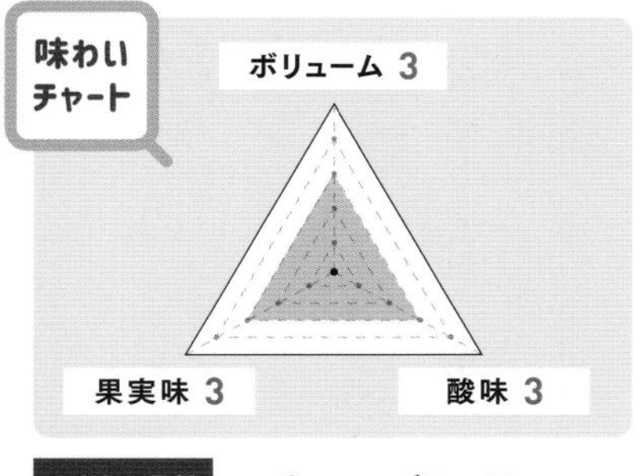

ぶどうの品種 ソーヴィニヨン・ブラン、セミヨン

■生産地：ボルドー
■アルコール度数：12.5%　■内容量：750ml　■参考価格（税込）：3089円

輸入・販売元 サッポロビール株式会社 TEL:0120-207-800（お客様センター）

※ワイン名や商品写真に記載されたヴィンテージは、購入時期によって異なる場合があります。

シャトー・ラグランジュ

レ・ザルム・ド・ラグランジュ 2018

LES ARUMS DE LAGRANGE

白

白い花の名を冠した品種由来の香り高きワイン

サントリーが所有するメドック格付け3級のシャトーで造られ、「レ・ザルム」は池のほとりに咲く白い花の名にちなむ。使用するぶどうの品種特有の柑橘系やハーブの豊かな香りが楽しめる。

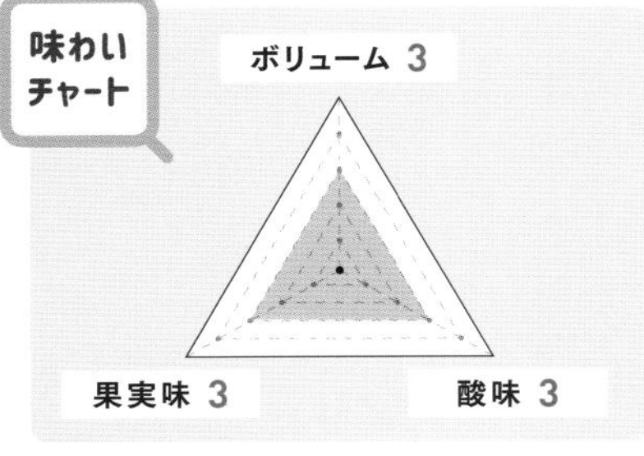

ぶどうの品種 ソーヴィニヨン・ブラン、セミヨン、ソーヴィニヨン・グリ

■アルコール度数：13.0%　■生産地：ボルドー　■内容量：750ml　■参考価格（税込）：5830円

輸入・販売元　株式会社ファインズ　TEL:03-6732-8600

シャトー・クーテ

オパリー・ド・シャトー・クーテ 2019

OPALIE DE CHATEAU COUTET

白

小型の樽で熟成までおこない厚みのある贅沢な味わいに

シャトー名の「クーテ」はナイフを意味し、ワインのフレッシュでいきいきとした酸に由来。発酵、熟成ともにバリック（小型の樽）でおこない、厚みのある贅沢な味わいに仕上がっている。

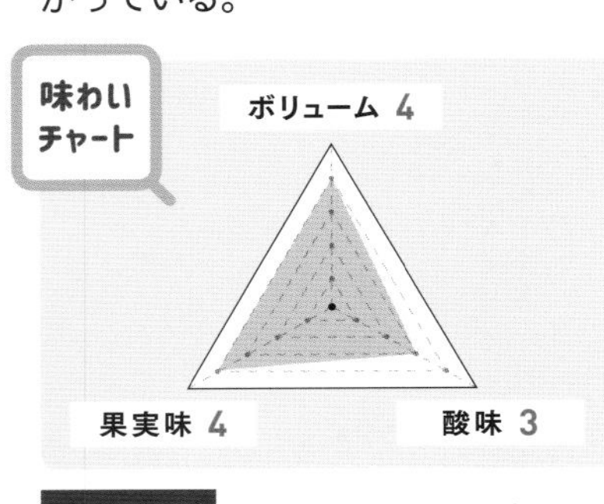

ぶどうの品種 セミヨン、ソーヴィニヨン・ブラン

■アルコール度数：13.5%　■生産地：ボルドー　■内容量：750ml　■参考価格（税込）：7700円

輸入・販売元　株式会社ファインズ　TEL:03-6732-8600

FRANCE

Topics

その形にはワケがある？ 産地ごとのボトルの特徴

ワインのボトルの形には、いくつかの種類がある。それぞれの形の違いは産地によるものだ。慣れてくると、ボトルの形を見るだけで、どこのワインかが、すぐにわかるようになる。

では、ボトルの形は産地を見分けるだけのためかというと、そうではない。

よく目にするボルドー型は、いかり肩の細長い形が特徴。長期熟成させることが多いボルドーワインでは澱ができやすいため、グラスに注ぐときにいかり肩の部分で澱を食い止めるため。また、ボトルの底の中央が盛り上がっているのも、沈んだ澱が舞い上がるのを防ぐ目的がある。

一方、ブルゴーニュ型はなで肩の優雅なカーブが特徴。長期熟成をしないブルゴーニュワインでは澱の心配がないからだ。それより見た目の美しさが優先されたデザインなのだ。

フランスはボルドー型、ブルゴーニュ型、シャンパーニュ型の3つが代表的。ドイツに隣接するアルザス型は、ドイツのものに似たスリムな形状をしている。

ボルドー型

肩が張っているのは、澱をせき止める働きも。赤ワインは暗い緑色、白ワインは透明や緑色が多い。

ブルゴーニュ型

なで肩の美しい形状をしている

シャンパーニュ型

ガラスが分厚く、なで肩で底が広くなっている。スパークリングワインは他国のものでもこの形が多い。

アルザス型

細身で直線的な形。隣接するドイツのワインも似た形のものが多い。

ドメーヌ・エルヴェ・シャルロパン

マルサネ・クロ・デュ・ロワ 2020

MARSANNAY Clos du Roy

赤

マルサネの若い生産者が造る力強いピノ・ノワール

1998年から元詰めを始めた比較的若い生産者ながら、フランスではすでに人気。マルサネ村の高品質なピノ・ノワールで造った1本は、滑らかな舌触りながらタンニンも豊かで力強さを感じる。

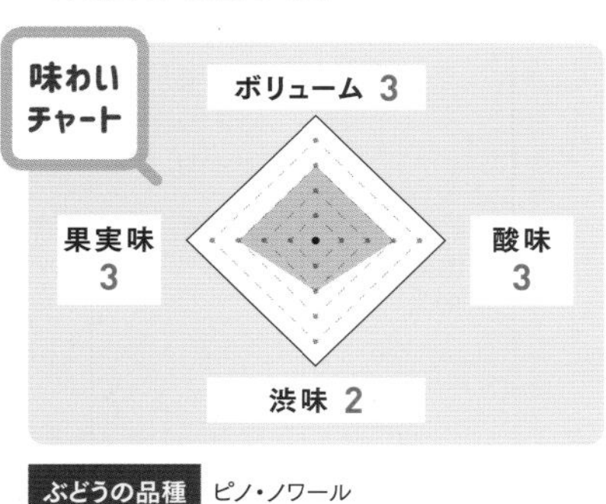

ぶどうの品種 ピノ・ノワール

■生産地：ブルゴーニュ
■アルコール度数：13.5%　■内容量：750ml　■参考価格（税込）：3465円

輸入・販売元　株式会社モトックス　TEL:0120-344101

メゾン・ジョゼフ・ドルーアン

ブルゴーニュ ピノ・ノワール

BOURGOGNE PINOT NOIR

赤

良質な手摘みぶどうで造るブルゴーニュの"正統派"

ピノ・ノワールはすべて手摘みをし、選別したものを使用。フレッシュな果実味とエレガントな酸味、やわらかなタンニンが融合した味わいは、ブルゴーニュの正統派としてお手本とも言える1本だ。

ぶどうの品種 ピノ・ノワール

■生産地：ブルゴーニュ
■アルコール度数：14.0%　■内容量：750ml　■参考価格（税込）：3300円

輸入・販売元　三国ワイン株式会社　TEL:03-5542-3939

Topics

ボーヌの町のワイン祭り

ボーヌにあるオスピス・ド・ボーヌは、病気の人や貧しい人々のために創設された慈善施療院。毎年11月におこなわれる「栄光の3日間」という祭典の中でワインオークションをし、運営費をまかなっている。現在は一般の人でも、出品されるワインを無料で試飲できる。

ブルゴーニュ地方のボーヌにある「オスピス・ド・ボーヌ」

シャトー・デ・ジャック

ムーラン・ア・ヴァン シャトー・デ・ジャック

MOULIN-A-VENT CHATEAU DES JACQUES

赤

ガメイの魅力を存分に長期熟成もおすすめ

由緒あるワイナリーで造られる濃厚な味わいの1本で、ガメイ品種本来のポテンシャルを堪能したい人におすすめ。ワインが若いうちから楽しめるが、長期熟成後はさらに深い味わいに変化する。

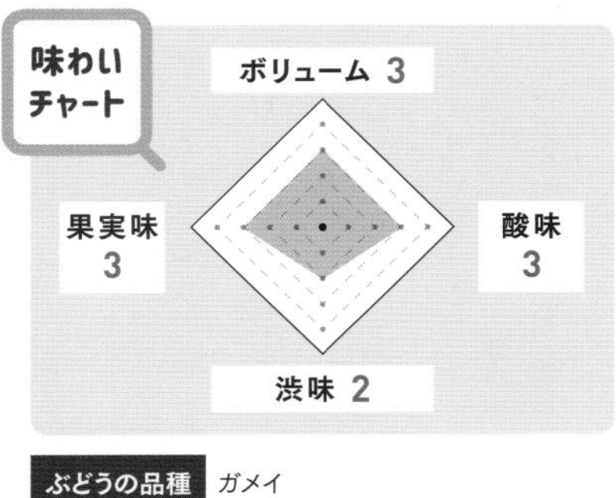

ぶどうの品種 ガメイ

■生産地：ブルゴーニュ　■アルコール度数：14.0%（2019ヴィンテージ）
■内容量：750ml　■参考価格（税込）：4070円

輸入・販売元　日本リカー株式会社　https://www.nlwine.com/

※ワイン名や商品写真に記載されたヴィンテージは、購入時期によって異なる場合があります。

レ・ゼリティエール・デュ・コント・ラフォン

マコン・ヴィラージュ

MACON-VILLAGES

白

「ムルソーの巨匠」が手がけるオールマイティーな食中酒

「ムルソーの巨匠」と称されるコント・ラフォンのエッセンスを味わえる、極上の１本。柑橘系のフレッシュなアロマと、あふれんばかりのみずみずしい果実味が魅力。前菜からメインまで幅広い料理と合う。

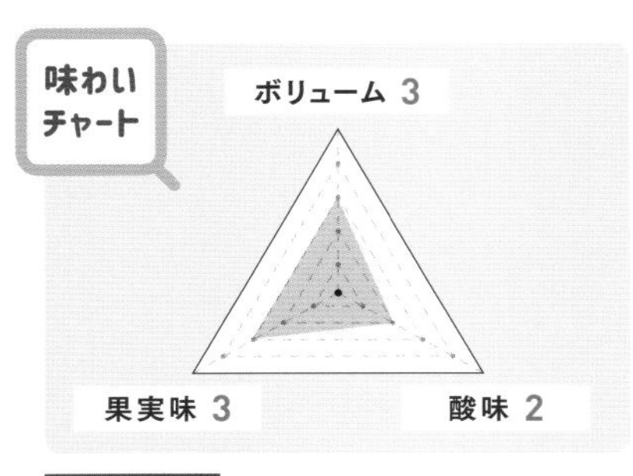

ぶどうの品種　シャルドネ

■生産地：ブルゴーニュ（マコン）
■アルコール度数：13.0%　■内容量：750ml　■参考価格（税込）：3850円

輸入・販売元　エノテカ株式会社　https://www.enoteca.co.jp

※2020ヴィンテージの在庫がなくなり次第、販売終了

ルモワスネ・ペール・エ・フィス

ブルゴーニュ ルージュ ルノメ 2019

REMOISSENET PÈRE&FILS BOURGOGNE RENOMMÉE

赤

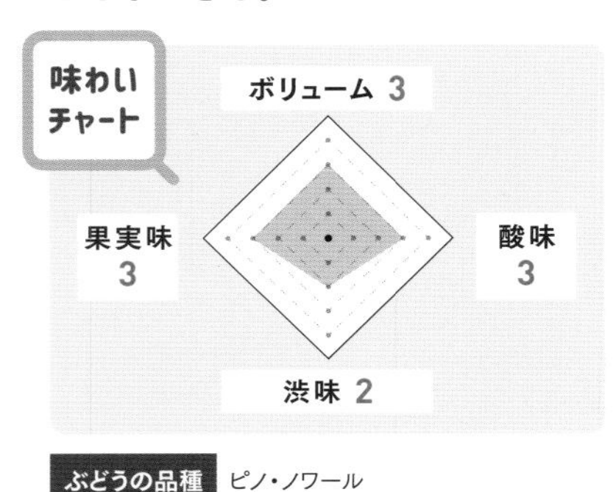

「古酒の魔術師」が手がける味わい豊かなカジュアルワイン

「古酒の魔術師」と賞される造り手、ルモワスネ。こちらのワインはカジュアルなクラスながら、香りや旨味が豊かに表現されたエレガントな味わいで、ルモワスネの神髄に触れることができる。

ぶどうの品種　ピノ・ノワール

■生産地：ブルゴーニュ
■アルコール度数：14.0%　■内容量：750ml　■参考価格（税込）：4950円

輸入・販売元　株式会社エイ・エム・ズィー　TEL:03-5771-7701

Topics

「ボージョレ解禁」がとても盛り上がるのはなぜ？

日本では、毎年11月のボージョレ・ヌーヴォー解禁時には、夜中にもかかわらず多くの人が集まってイベントなどをくり広げる。ボージョレ・ヌーヴォーの解禁は11月の第3木曜日。時差の関係で、日本がそれを一番初めに味わえるため。だからワイン愛好家たちは盛り上がるのだ。

ルイ・ラトゥール

グラン・アルデッシュ・シャルドネ 2019

Grand Ardeche CHARDONNAY

白

最高品質のシャルドネを使いオーク樽で仕上げた贅沢な白

高品質なシャルドネの産地、アルデッシュで収穫されたぶどうを使用。自社製のフレンチオーク樽を贅沢に使い、熟成させた。鶏肉や蟹のグラタンなど、ホワイトソースを使った料理と合わせたい。

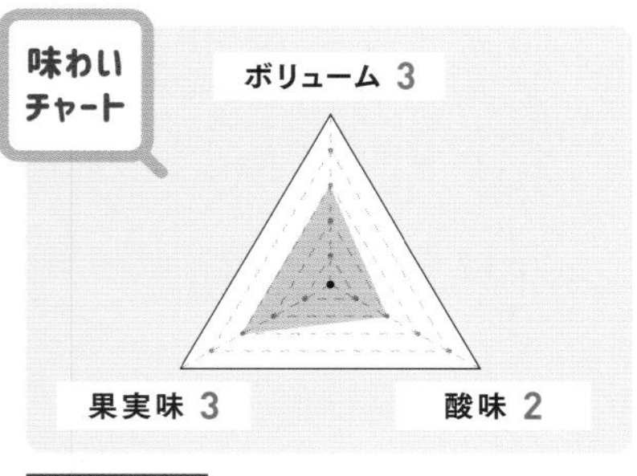

ぶどうの品種　シャルドネ

■生産地：ブルゴーニュ
■アルコール度数：13.5%　■内容量：750ml　■参考価格（税込）：2791円

輸入・販売元　アサヒビール　TEL:0120-011-121（お客様相談室）

FRANCE

インヴィーヴォ

インヴィーヴォ X サラ・ジェシカ・パーカー ロゼ

INVIVO X SARAH JESSICA PARKER ROSÉ

ロゼ

ニューヨークの人気女優とタッグを組んだ特別なワイン

ワールドクラスのワインを生産する新世代のワイナリーが、女優、サラ・ジェシカ・パーカーとタッグ。プロヴァンス生まれのフレッシュでピュアな1本は、休日にゆったりと味わいたい。

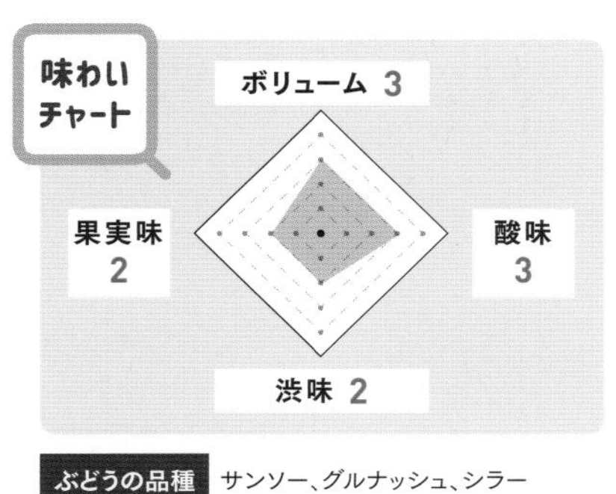

ぶどうの品種 サンソー、グルナッシュ、シラー

■生産地:南フランス(プロヴァンス)
■アルコール度数:12.5% ■内容量:750ml ■参考価格(税込):2860円

輸入・販売元 株式会社サザンクロス E-mail:info@scnz.jp

ジェラール・ベルトラン

コート・デ・ローズ ロゼ 2021

GERARD BERTRAND cote des roses

ロゼ

ギフトにもおすすめ美しく力強い味わいのロゼ

ワイナリーの主はラグビーの元フランス代表という異色の経歴。グルナッシュやサンソー主体のロゼは力強い味わいで、リエットや粗挽きソーセージなどと相性抜群。美しいボトルは贈り物にもおすすめだ。

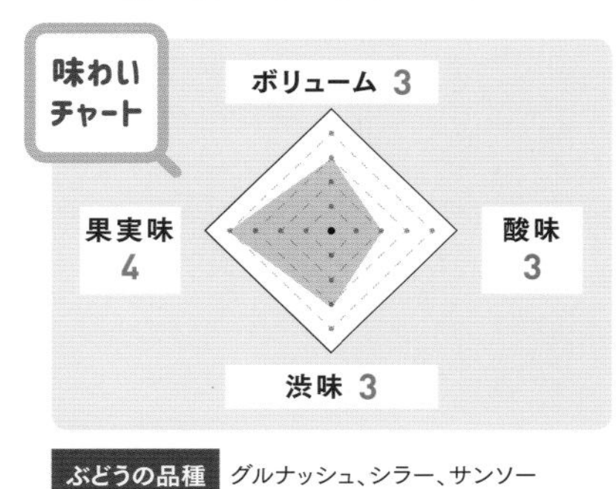

ぶどうの品種 グルナッシュ、シラー、サンソー

■生産地:南フランス(ラングドック)
■アルコール度数:13.0% ■内容量:750ml ■参考価格(税込):3300円

輸入・販売元 ピーロート・ジャパン株式会社 TEL:03-3458-4455(代表)

ドメーヌ・ジャンヌ・ガイヤール

マルサンヌ I.G.P. デ・コリンヌ・ローダニエンヌ 2018

Marsanne I.G.P. des Collines Rhôdaniennes

白

ローヌの“先駆者”の娘によるふくよかで果実味豊かな白

ローヌ新時代のパイオニア、ピエール・ガイヤールの娘が設立したワイナリーの白ワイン。マルサンヌの持つふくよかな果実味と丸みのある酸は、青カビチーズのペンネなどとよく合う。

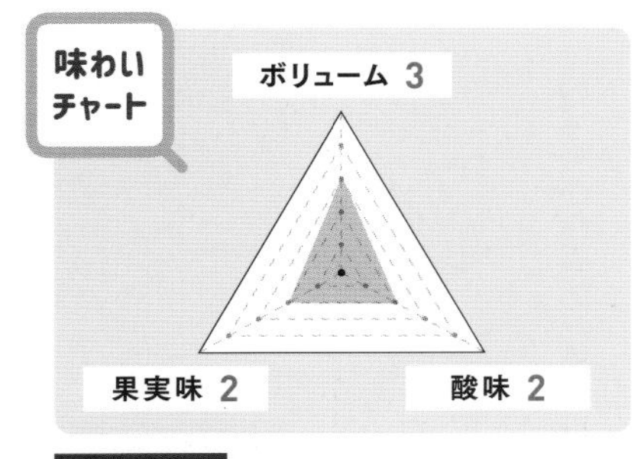

ぶどうの品種 マルサンヌ

■生産地:コート・デュ・ローヌ
■アルコール度数:14.0% ■内容量:750ml ■参考価格(税込):2970円

輸入・販売元 WINE TO STYLE株式会社 E-mail:info@winetostyle.co.jp

M.シャプティエ

コリーヌ・ローダニエンヌ ヴィオニエ ラ コンブ ピラット ビオ 2019

Collines Rhodaniennes Viognier La Combe Pilate BIO

白

テロワールを最大限に生かしビオディナミ農法にも注力

造り手は家族経営のもと、畑を守り、テロワールを尊重する姿勢を貫く。1991年から取り入れたビオディナミ農法によって造られたこのワインは、ヴィオニエの密度感や濃厚さが生き、ミネラル感も楽しめる。

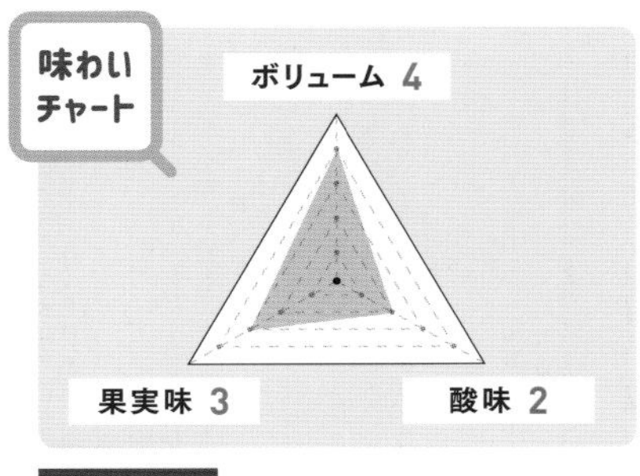

ぶどうの品種 ヴィオニエ(有機、ビオディナミ)

■生産地:ローヌ
■アルコール度数:14.5% ■内容量:750ml ■参考価格(税込):3300円

輸入・販売元 サッポロビール株式会社 TEL:0120-207-800(お客様センター)

 ※ワイン名や商品写真に記載されたヴィンテージは、購入時期によって異なる場合があります。

フライシャー

ゲヴュルツトラミネール 白 2020

FLEISCHER GEWURZTRAMINER

白

バラやライチの豊かな香り 審査会で最高賞の実績も

過去には、世界最大級の女性だけの審査会「サクラアワード」の最高賞にも輝いた。白バラやライチのような豊かな香りが特徴の品種、ゲヴュルツトラミネールは、エスニック系や四川料理と好相性。

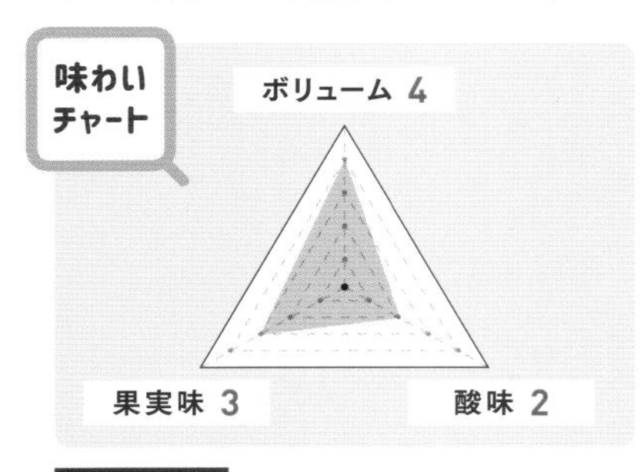

ぶどうの品種 ゲヴュルツトラミネール

■生産地：アルザス
■アルコール度数：13.5％ ■内容量：750ml ■参考価格（税込）：2651円

輸入・販売元 国分グループ本社株式会社 TEL:03-3276-4125

ドメーヌ・メリオー

トゥーレーヌ ソーヴィニヨン ラルパン・デ・ヴォドン 白 2021

TOURAINE SAUVIGNON L'ARPENT DES VAUDONS

白

酸化防止剤を少量に抑え 土地の持つ滋味深さを表現

酸化防止剤の使用をごく少量に抑え、土地の滋味深さを表現した１本。ボディと新鮮な酸味、ミネラルのバランスも良い。ラベルの抽象画は、造り手の友人画家がワインの味わいをイメージし描いたもの。

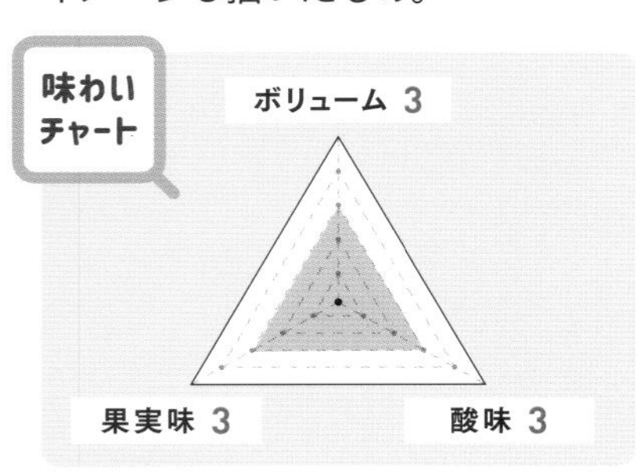

ぶどうの品種 ソーヴィニヨン・ブラン

■生産地：ロワール ■アルコール度数：13%以上14%未満
■内容量：750ml ■参考価格（税込）：2640円

輸入・販売元 株式会社モトックス TEL:0120-344101

ブルーノ・パイヤール

ブルーノ・パイヤール・エクストラ・ブリュット・プルミエール・キュヴェ

BRUNO PAILLARD Extra-Brut Premiere Cuvee

フランスの巨匠も愛した 飲み飽きることのない逸品

フランス料理界の巨匠・故ジョエル・ロブション氏も愛したといわれるシャンパーニュ。35の畑から厳選されたぶどうの一番搾りだけをブレンドして造られる。大切な人をもてなすスターターにも最適。

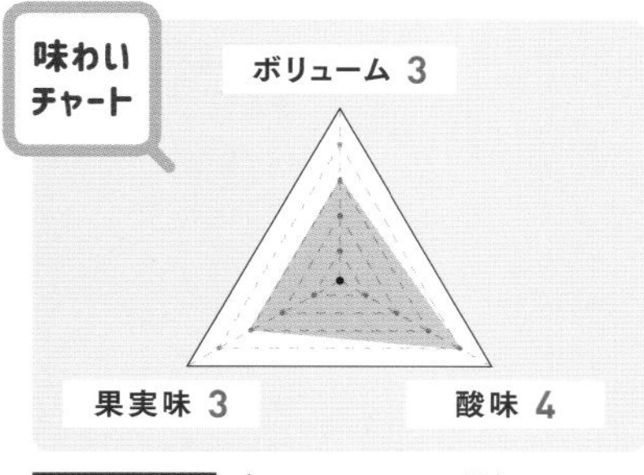

ぶどうの品種 ピノ・ノワール、シャルドネ、ピノ・ムニエ

■生産地：シャンパーニュ
■アルコール度数：12.0％ ■内容量：750ml ■参考価格（税込）：7920円

輸入・販売元 株式会社ミレジム E-mail:info@millesimes.co.jp

ポルヴェール・ジャック

ポルヴェール・ジャック シャンパーニュ ブリュット

POILVERT-JACQUES CHAMPAGNE BRUT

スパークリング

老舗メゾンが手がける ふくらみのある味わいの１本

350年もの歴史を持つ家族経営の老舗メゾンが手がける、天使の羽のようなマークが気分を上げるシャンパーニュ。タリュ・サンプリ村の黒ぶどうを中心に造られるふくらみのある味わいが魅力。

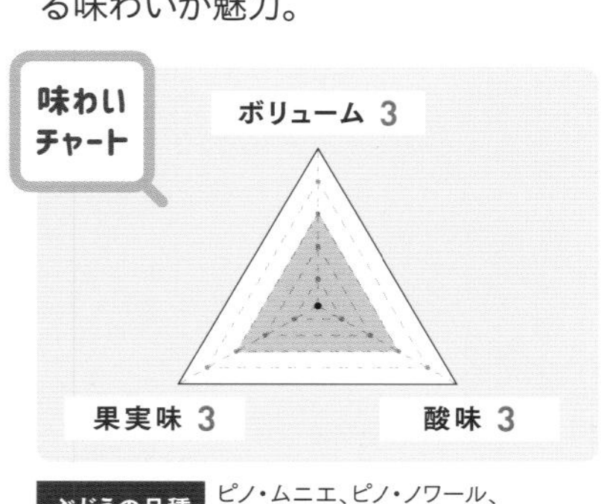

ぶどうの品種 ピノ・ムニエ、ピノ・ノワール、シャルドネ

■生産地：シャンパーニュ
■アルコール度数：12.0％ ■内容量：750ml ■希望小売価格（税込）：3580円

輸入・販売元 株式会社ダイセイワールド TEL:06-6636-3045

Topics

自然派ワイン ってどんなもの？

化学肥料や酸化防止剤を極力使わないワイン

健康志向の高まりから、いわゆる自然派ワイン（ナチュラルワイン）を求める人が増えてきた。

自然派ワインとは、化学合成農薬や化学肥料を使わずに栽培したぶどうを使い、醸造においても酸化防止剤などの人為的なものを最小限にとどめたもの。乾燥した気候で元から防カビ剤や除草剤がさほど必要でない地中海沿岸や新世界は、自然派ワインを生産しやすい環境にある。

魅力的な味わいが多いが質の良くないものも…？

体にやさしいものを求める消費者にとっては「無添加」「オーガニック」と謳われたワインがあれば手に取ってみたくなるもの。実際に自然派ワインには、複雑な味わいでありながら飲み心地の良い、魅力的なものが多い。

しかしその一方で、欠陥臭のするようなものもあり「自然派ワインであればなんでもおいしい」というわけではない。「ナチュラル」なのは造り方であり、けっして「味わいの良さ」を保証するものではないことを心に留めておきたい。

質の良い自然派ワインを手に入れるなら、まずはきちんとした知識を持つ店に出向いてみよう。また、下に紹介する2本もぜひ味わってみてほしい。

自然派ワインのキホン知識

どんなぶどうを使うの？

→基本的には有機農法で栽培されたものが原料として使用される。化学肥料や化学合成農薬の使用の有無、各国の規定、思想などの違いによって、農法も「ビオロジック」「ビオディナミ」「リュット・レゾネ」などに細かく分けることができる。

醸造の方法にも違いがあるの？

→人為的なコントロールをなるべく避けるため、酸化防止剤を極力使用しない、野生酵母での醸造、清澄や濾過をしない、といったプロセスを選択することが多い。

どこで買えばいいの？

→自然派ワインは温度変化のダメージを受けやすく、酸化のリスクも高いもの。したがって自然派ワインに対する理解や熱意がしっかりとあり、細心の注意を払った保存管理をしてくれる店を利用したい。

＼おすすめ！／

FRANCE

ル・クロ・デュ・チュ＝ブッフ

ブラン 2021

Le Clos du Tue-Boeuf Blanc

白

26年前から自然派ワインに注力 みずみずしさが表現された1本

1996年にビオロジック栽培や醸造時の酸化防止剤無添加を始め、いまやヴァン・ナチュールの重鎮として知られる造り手が手がける。自然でみずみずしい果実味があり、デイリーワインとしての親しみやすさも。

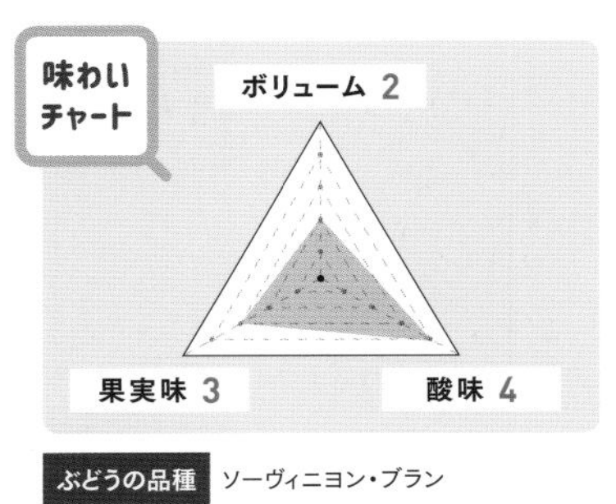

ぶどうの品種 ソーヴィニヨン・ブラン

■生産地：ロワール
■アルコール度数：11.86％ ■内容量：750ml ■参考価格（税込）：3080円

輸入・販売元 株式会社ラシーヌ TEL:03-6261-5125

＼おすすめ！／

FRANCE

シャトー・カンボン

シャトー・カンボン ボジョレー 2020

Chateau Cambon Beaujolais

赤

“自然派の父”が追求 化学に頼らないワイン造り

「自然派の父」と呼ばれた故マルセル・ラピエール氏の哲学を貫くシャトーの1本。ぶどうの栽培から薬剤等を極力排除し、平均樹齢50年の複数区画のガメイ種をアッサンブラージュ。品種の個性が生きている。

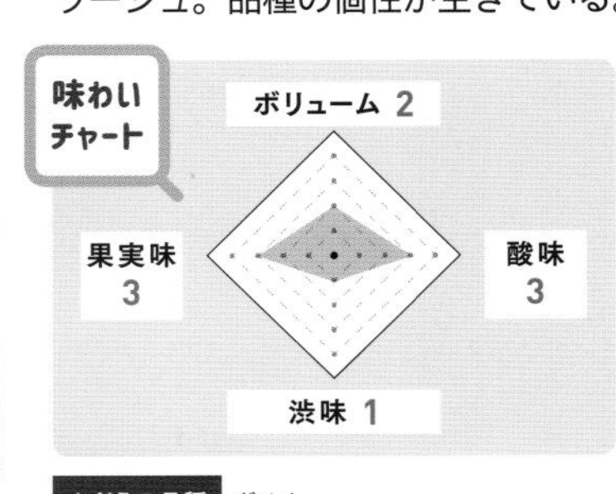

ぶどうの品種 ガメイ

■生産地：ブルゴーニュ（ボージョレ）
■アルコール度数：12.5％ ■内容量：750ml ■参考価格（税込）：3080円

輸入・販売元 テラヴェール株式会社 https://terravert.co.jp/

※写真は2017年ヴィンテージのものです

 ※ワイン名や商品写真に記載されたヴィンテージは、購入時期によって異なる場合があります。

アダミ

アダミ ヴァルドッビアーデネ・プロセッコ・スーペリオーレ ボスコ・ディ・ジーカ・ブリュット NV

ADAMI BOSCO DI GICA BRUT NV

イタリアの国際行事にも採用 ワンランク上のプロセッコ

世界的に大ヒット中のプロセッコで、ヴェネツィア国際映画祭や2009年のG8サミットといった、イタリアの代表的な行事で用いられたことも。青りんごや華やかな白い花のような香りが魅力的だ。

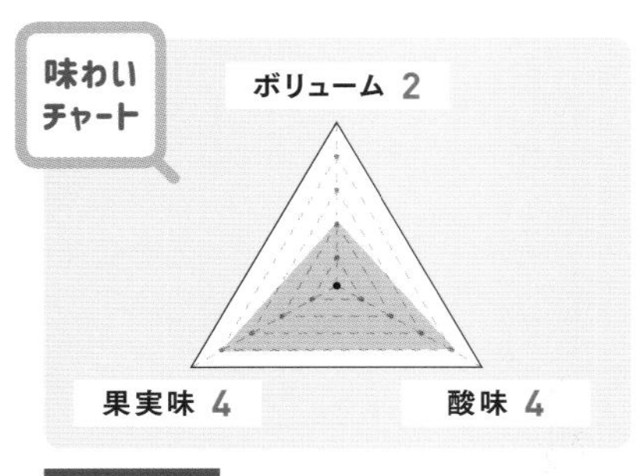

ぶどうの品種 グレラ、シャルドネ

■生産地：ヴェネト州
■アルコール度数：11.0%　■内容量：750ml　■参考価格（税込）：3630円

輸入・販売元 株式会社ヴィントナーズ　TEL:03-5405-8368

ロータリ

ロータリ ブリュット NV

ROTARI Brut NV

スパークリング

50カ国以上で愛される 乾杯に最適なスパークリング

世界50カ国以上で愛されているロータリの、乾杯にぴったりな1本。シャルドネ100%を24カ月間熟成して造られ、りんごや柑橘系のアロマも豊か。キリッとした酸と滑らかな泡は食欲をかき立ててくれる。

ぶどうの品種 シャルドネ

■生産地：トレンティーノ・アルト・アディジェ州
■アルコール度数：12.5%　■内容量：750ml　■参考価格（税込）：2310円

輸入・販売元 株式会社モトックス　TEL:0120-344101

エンリコ・セラフィーノ

グリフォ・デル・クアルタロ ガヴィ・ディ・ガヴィ

GRIFO DEL QUARTARO GAVI DI GAVI

白

美食の郷で生まれる コルテーゼ種の爽快な味わい

美食の郷、ピエモンテのロエロ地域最古の造り手が手がけるコルテーゼ種100%のワイン。リンゴや洋梨のフレッシュな香りに豊富な酸が寄り添い、ミネラル感もある味わいは魚介料理とともに楽しみたい。

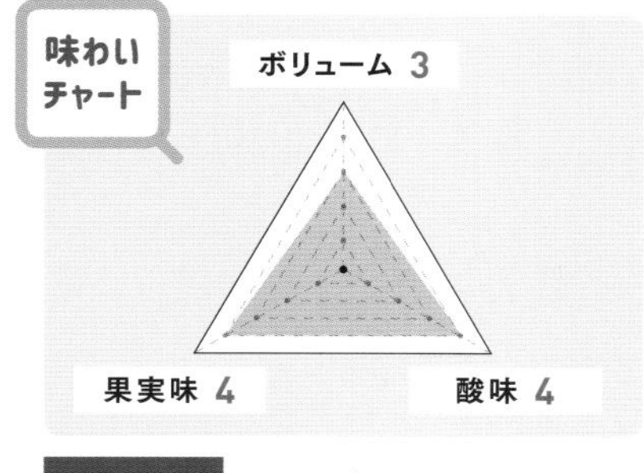

ぶどうの品種 コルテーゼ

■生産地：ピエモンテ州
■アルコール度数：12.5%　■内容量：750ml　■参考価格（税込）：2860円

輸入・販売元 エノテカ株式会社　https://www.enoteca.co.jp

ジーニ

ソアヴェ クラシコ 2020

GINI SOAVE CLASSICO

白

樹齢60年超の自根種で造る ミネラル感が魅力のソアヴェ

ヴェネト州のワインであるソアヴェの老舗が手がける。黒色火山岩土壌主体の畑で育まれた樹齢60年以上のガルガネーガを100%使い、醸造期間中は酸化防止剤無添加。鉱物的なミネラル感を存分に味わいたい。

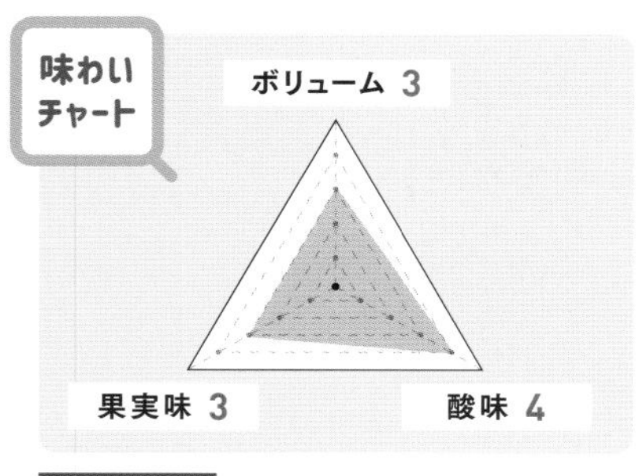

ぶどうの品種 ガルガネーガ

■生産地：ヴェネト州
■アルコール度数：12.0%　■内容量：750ml　■参考価格（税込）：2750円

輸入・販売元 テラヴェール株式会社　https://terravert.co.jp/

※写真は2018年ヴィンテージのものです

ITALY

プイアネッロ

ランブルスコ レッジャーノ

LAMBRUSCO REGGIANO

スパークリング

女子会でも愛される 華やかな赤のスパークリング

成城石井で購入できる赤のスパークリング。鮮やかで深みのあるルビーレッドは見た目にも華やかで、ワインを楽しむ女子会でも大人気。フルーティーな味わいで、生ハムやサラミ、ラグーソース等とよく合う。

味わいチャート

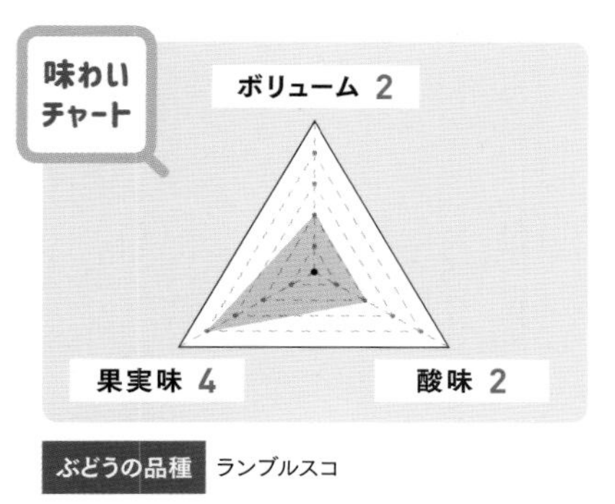

ぶどうの品種 ランブルスコ

■生産地:エミリア・ロマーニャ州
■アルコール度数:11.0% ■内容量:750ml ■参考価格(税込):1859円

輸入・販売元 東京ヨーロッパ貿易株式会社 TEL:0120-141-565(成城石井お客様相談室フリーダイヤル)

パオロ・スカヴィーノ

バローロ

BAROLO

赤

バローロ新時代の旗手が造る 複雑な味わいの逸品

イタリアを代表する赤ワイン、バローロに新時代をもたらした造り手のスタンダードな1本。熟したブラックベリーや枯れたバラのようなニュアンスもあり、冬には脂ののったジビエ料理に合わせるのもいい。

味わいチャート

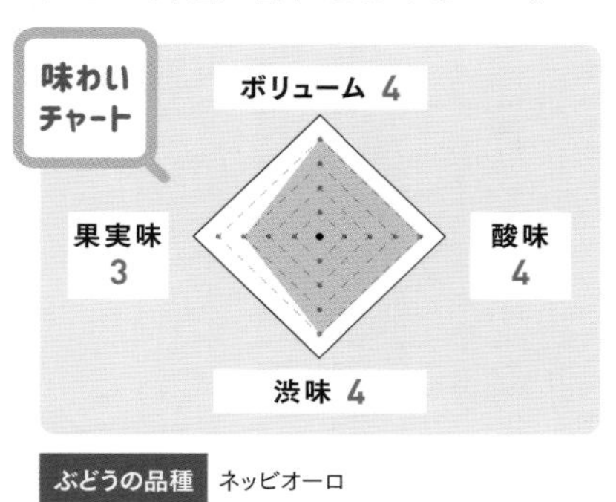

ぶどうの品種 ネッビオーロ

■生産地:ピエモンテ州
■アルコール度数:14.5% ■内容量:750ml ■参考価格(税込):8250円

輸入・販売元 エノテカ株式会社 https://www.enoteca.co.jp

ファットリア ラ リヴォルタ

アリアニコ デル タブルノ ファットリア ラ リヴォルタ 2018

AGLIANICO DEL TABURNO Fattoria La Rivolta

赤

ぶどうは自社畑で有機栽培 タンニンと果実味の好バランス

タブルノ丘陵に位置するワイナリー周辺の自社畑で、有機栽培によって育てられたアリアニコ種を手摘みで収穫。品種由来の滑らかなタンニンと果実味のバランスが取れた味わいに仕上がっている。

味わいチャート

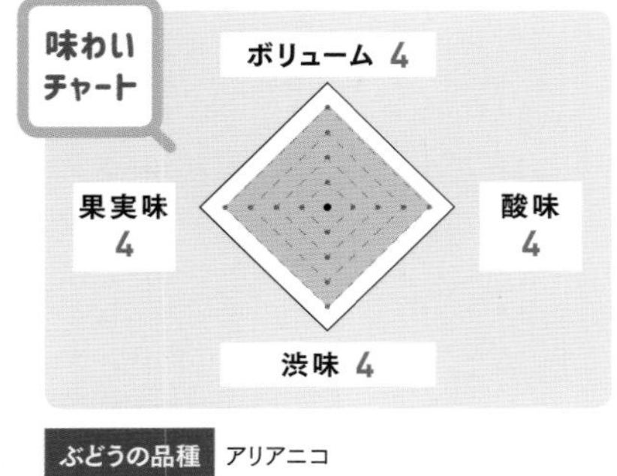

ぶどうの品種 アリアニコ

■生産地:カンパーニア州
■アルコール度数:14.0% ■内容量:750ml ■参考価格(税込):4125円

輸入・販売元 株式会社ファインズ TEL:03-6732-8600

レ・カルチナイエ

ヴェルナッチャ・ディ・サン・ジミニャーノ

Vernaccia di San Gimignano

白

世界遺産の美しい町で造る みずみずしく心地良い白

世界遺産の美しい町、サン・ジミニャーノで造られる。ほのかな塩味を感じるみずみずしい仕上がりで、穏やかな酸も心地良い。食中酒にはもちろん、ディナーの前のアペリティフ(食前酒)としてもおすすめ。

味わいチャート

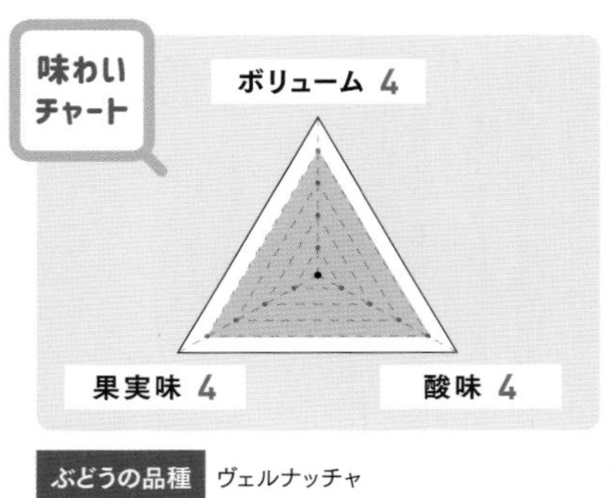

ぶどうの品種 ヴェルナッチャ

■生産地:トスカーナ州
■アルコール度数:13.0% ■内容量:750ml ■参考価格(税込):3520円

輸入・販売元 株式会社ラシーヌ TEL:03-6261-5125

 ※ワイン名や商品写真に記載されたヴィンテージは、購入時期によって異なる場合があります。

ウマニ・ロンキ

“ヨーリオ”モンテプルチアーノ・ダブルッツォ

Jorio Montepulciano d'Abruzzo

赤

人気漫画にも登場 抜群のコスパを誇る赤ワイン

人気のワイン漫画『神の雫』に登場するや、瞬く間に大人気に。ぶどうが持つ可能性を最大限に引き出した１本は完熟したフルーツのアロマがあり、まろやかでバランスの取れた味わい。コスパの良さは群を抜く。

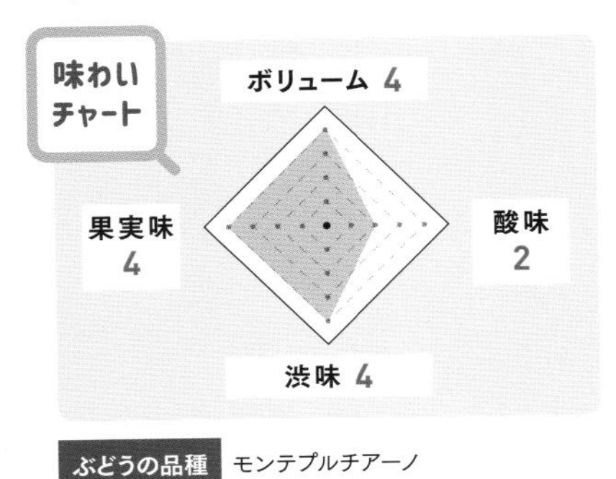

ぶどうの品種　モンテプルチアーノ

■生産地：アブルッツォ州
■アルコール度数：13.5%　■内容量：750ml　■参考価格（税込）：2827円

輸入・販売元　モンテ物産株式会社　TEL:0120-348-566

リヴェラ

カステル・デル・モンテ ロゼ

Castel del Monte Rose

ロゼ

格付け D.O.C. のロゼ フルーティーで繊細な辛口

高品質なイタリアワインを指すD.O.C. に格付けされるロゼ。カステル・デル・モンテ地区でのみ栽培されるボンビーノ・ネーロを使用している。濃いめの鮮やかなバラ色が印象的で、フルーティかつ繊細な辛口。

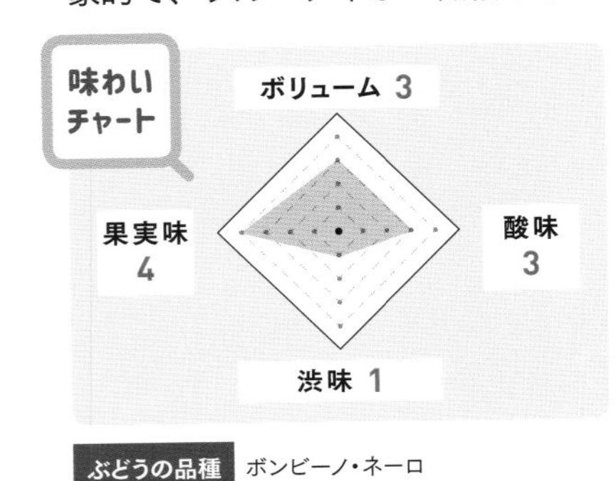

ぶどうの品種　ボンビーノ・ネーロ

■生産地：プーリア州
■アルコール度数：12.0%　■内容量：750ml　■参考価格（税込）：1824円

輸入・販売元　モンテ物産株式会社　TEL:0120-348-566

ゲオルグ・ブロイヤー

ソヴァージュ・リースリング トロッケン 2021

Sauvage RIESLING TROCKEN

白

ドイツの銘醸地で生まれる 酸が魅力の力強い白ワイン

ドイツ屈指のワインの銘醸地、ラインガウを代表する辛口のリースリング。「ソヴァージュ」は野生を意味し、酸が持ち味の力強いワインだ。脂ののったグリルチキンにレモンを絞って合わせてみては。

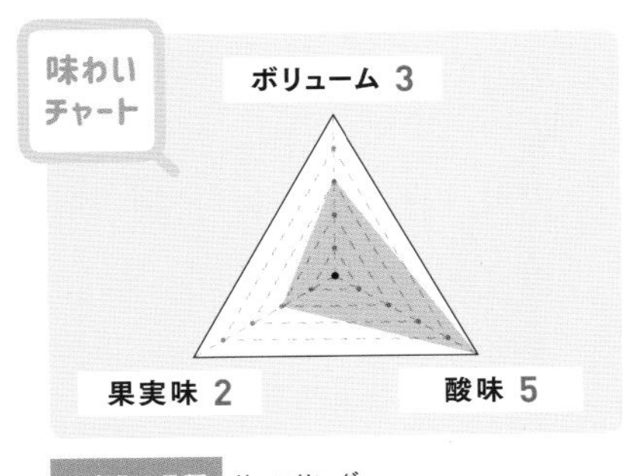

ぶどうの品種　リースリング

■生産地：ラインガウ
■アルコール度数：11.5%　■内容量：750ml　■参考価格（税込）：3850円

輸入・販売元　ヘレンベルガー・ホーフ株式会社　TEL:072-624-7540

セッラ＆モスカ

カンノナウ・ディ・サルデーニャ

Cannonau di Sardegna

赤

サルデーニャ島の品種で造る ステンレスタンク熟成の赤

老舗のワイナリーによる、サルデーニャ島を代表する１本。島特有のぶどう品種、カンノナウをステンレスタンクのみで熟成させて造られる。ブラックベリーのような果実味と華やかな熟成感を味わいたい。

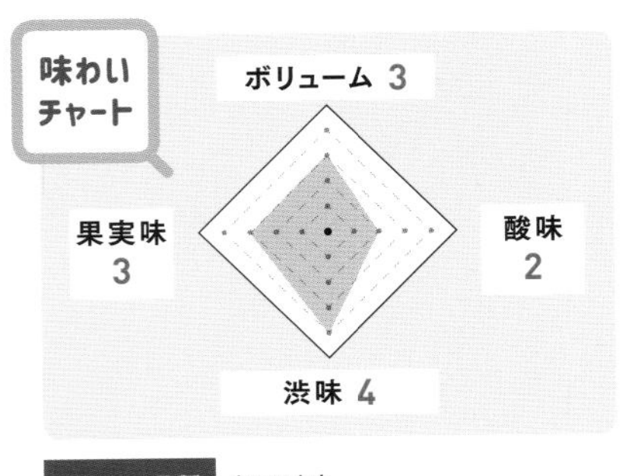

ぶどうの品種　カンノナウ

■生産地：サルデーニャ州
■アルコール度数：12.5%　■内容量：750ml　■参考価格（税込）：2068円

輸入・販売元　モンテ物産株式会社　TEL:0120-348-566

ヨーゼフ・ビファー

ゼクトハウス ビファー ピノ ブリュット

SEKTHAUS BIFFAR PINOT BRUT

スパークリング

日本人醸造家が情熱を注ぐ上質なスパークリング

ファルツで活躍する日本人醸造家、徳岡史子さんの情熱と、彼女が受け継いだワイナリーの伝統が融合した1本。長熟させた深みのある味わいに、品種由来の酸味と厚みが感じられる上質なスパークリングワインだ。

味わいチャート

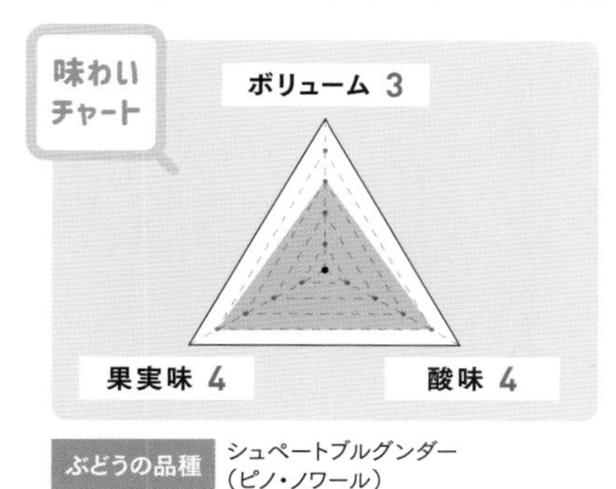

ぶどうの品種 シュペートブルグンダー（ピノ・ノワール）

生産地：ファルツ
アルコール度数：13.0%　内容量：750ml　参考価格（税込）：オープン価格

輸入・販売元 株式会社徳岡 TEL:06-4704-3035

ロバート ヴァイル

ロバート ヴァイル ジュニア シュペートブルグンダー 2019

ROBERT WEIL Junior SPATBURGUNDER

赤

食事によく合う辛口タイプのドイツ産ピノ・ノワール

ドイツの名門「ロバート・ヴァイル」が造る「ロバート ヴァイル ジュニアシリーズ」。シュペートブルグンダー（ピノ・ノワール）を使い、ひんやりとした果実感や軽やかな酸味、程よいタンニンが楽しめる。

味わいチャート

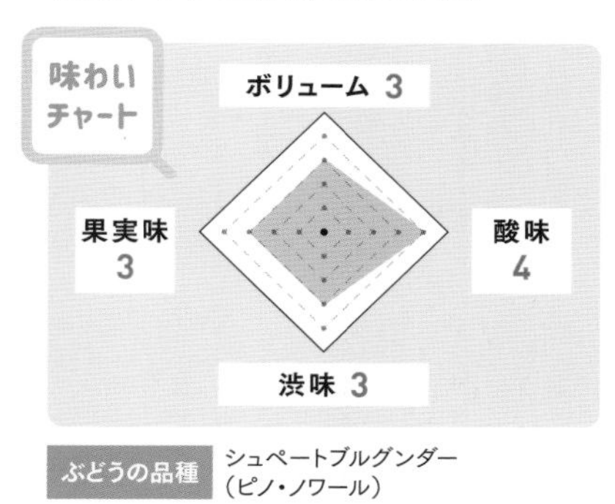

ぶどうの品種 シュペートブルグンダー（ピノ・ノワール）

生産地：ラインガウ
アルコール度数：13.0%　内容量：750ml　参考価格（税込）：オープン価格

輸入・販売元 サントリー https://www.suntory.co.jp

マルターディンガー

マルターディンガー・シュペートブルグンダー・トロッケン 2018

MALTERDINGER SPATBURGUNDER TROCKEN

赤

ピノ・ノワールの名手が造る樽香豊かな上質ワイン

ドイツ最南端のバーデン地方でピノ・ノワールの名手が手がける上質な赤ワイン。凝縮感と柔らかな樽の香りが豊かに感じられる。すぐに飲むのももちろんいいが、熟成後の味わいも楽しみたい。

味わいチャート

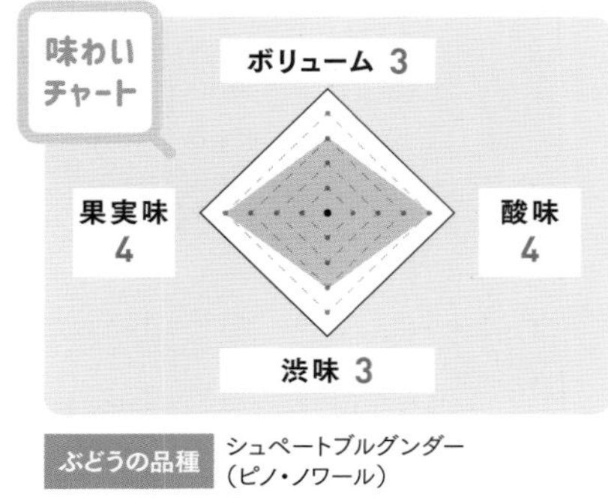

ぶどうの品種 シュペートブルグンダー（ピノ・ノワール）

生産地：バーデン
アルコール度数：12.9%　内容量：750ml　参考価格（税込）：6050円

輸入・販売元 ヘレンベルガー・ホーフ株式会社 TEL:072-624-7540

ローゼン・ブラザーズ

ローゼン リースリング・ドライ 2020

LOOSEN RIESLING DRY

白

リースリングの最高峰の味が手頃な価格で楽しめる

ドイツの代表品種、リースリングの最高峰ワインを生み出してきたモーゼルのクオリティが、これほど手頃な価格で楽しめるのはうれしい。甘い果実味や細く長く続く酸が特徴で、エスニック料理などとも合う。

味わいチャート

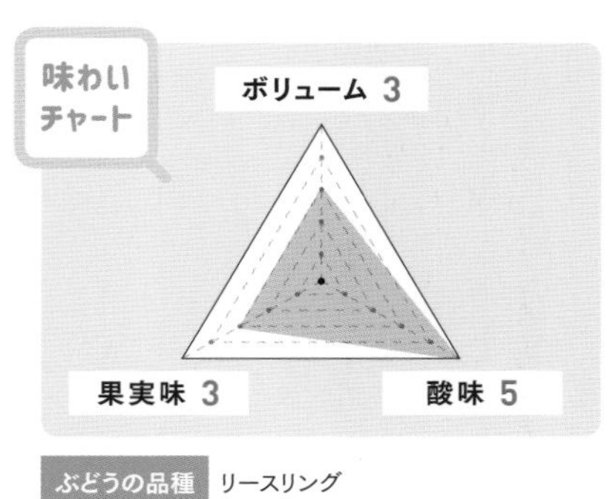

ぶどうの品種 リースリング

生産地：モーゼル
アルコール度数：11.9%　内容量：750ml　参考価格（税込）：2200円

輸入・販売元 ヘレンベルガー・ホーフ株式会社 TEL:072-624-7540

※ワイン名や商品写真に記載されたヴィンテージは、購入時期によって異なる場合があります。

アデガス・バルミニョール

バルミニョール アルバリーニョ 2021

Valminor Albarino

白

ミネラル感豊かな“海のワイン”
魚介料理との相性は抜群

スペインの白ワインの銘醸地、リアス・バイシャスでも屈指の生産者が手がける。「海のワイン」とも呼ばれる塩味とミネラル感が特徴で、ニンニクを効かせたタコのアヒージョなど、魚介料理と合わせたい。

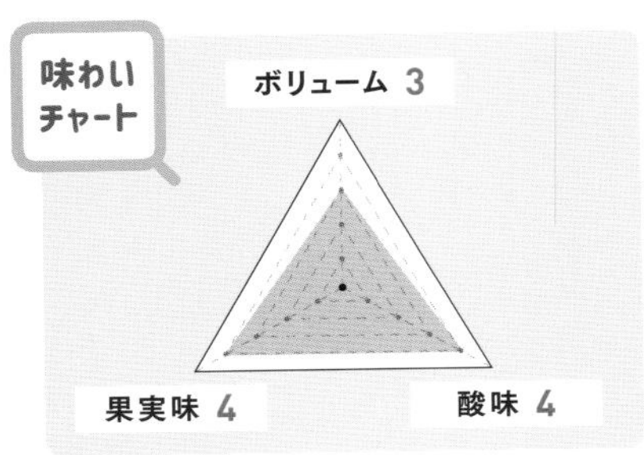

ぶどうの品種 アルバリーニョ

■生産地:ガリシア(リアス・バイシャス)
■アルコール度数:12.5% ■内容量:750ml ■参考価格(税込):2750円

輸入・販売元 株式会社モトックス TEL:0120-344101

クロ・モンブラン

プロジェクト・クワトロ・カヴァ・シルヴァー

PROYECTO CU4TRO CAVA SILVER

スパークリング

目を引くシルバーボトルは
コスパ良しの人気スパークリング

シルバーのスタイリッシュなボトルが目印。数々の星付きレストランにも置かれる実力派のワイナリーが造る、手頃な1本だ。豊潤でありながらもキレがあり、気軽に楽しめるのもいい。生ハムや魚介類の前菜と。

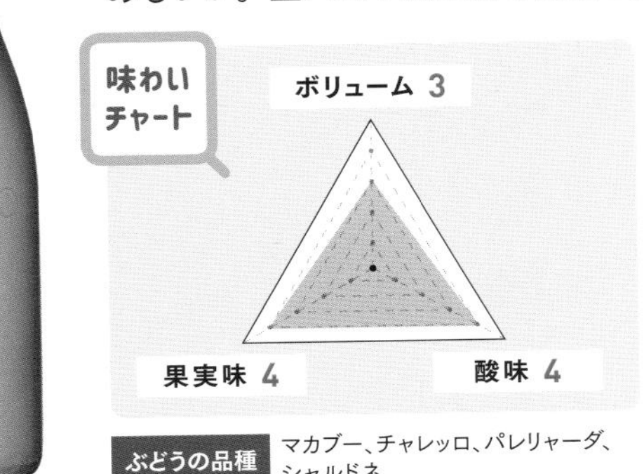

ぶどうの品種 マカブー、チャレッロ、パレリャーダ、シャルドネ

■生産地:カタルーニャ
■アルコール度数:12.0% ■内容量:750ml ■参考価格(税込):1980円

輸入・販売元 エノテカ株式会社 https://www.enoteca.co.jp

C.V.N.E.(クネ)

クネ グラン・レセルバ

Cune Gran Reserva

赤

高樹齢のぶどうをオーク樽で熟成
力強く滑らかな味わいに

樹齢30～40年の古樹から手摘みしたぶどうをオーク樽などで60カ月にわたって熟成。深みのあるルビー色をまとい、力強くも滑らかでスパイシーな味わいに仕上がっている。こんがり焼いたラム肉のグリルと。

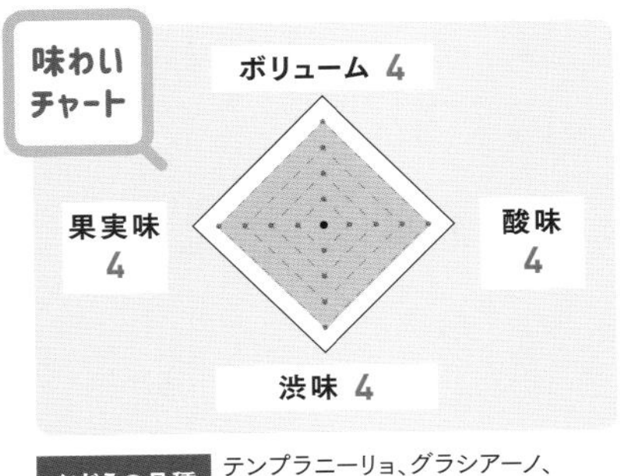

ぶどうの品種 テンプラニーリョ、グラシアーノ、マスエロ

■生産地:リオハ
■アルコール度数:13.5% ■内容量:750ml ■参考価格(税込):5720円

輸入・販売元 三国ワイン株式会社 TEL:03-5542-3939

ビノス デ アルガンサ

ラガール デ ロブラ 2018

LAGAR DE ROBLA

赤

ビエルソの品種メンシアを使用
家庭料理にも合わせやすい

急成長するビエルソのスター品種、メンシアの魅力を存分に楽しむことができる。ベリー系の果実味に滑らかなタンニン、柔らかな酸味のバランスが溶け合い、デイリーワインとして家庭料理にも合わせやすい。

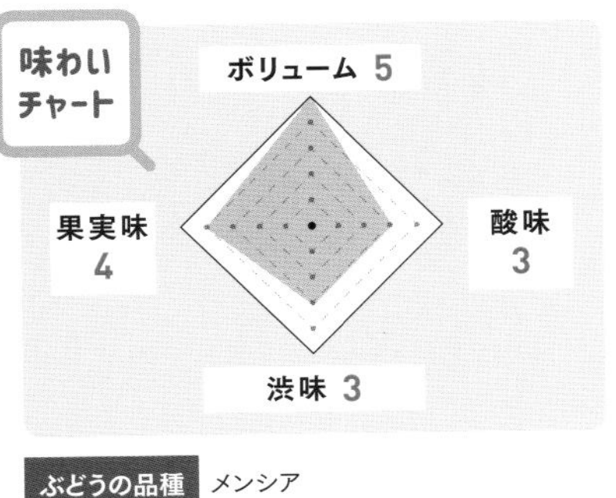

ぶどうの品種 メンシア

■生産地:カスティーリャ・イ・レオン
■アルコール度数:14.5% ■内容量:750ml ■参考価格(税込):2530円

輸入・販売元 株式会社モトックス TEL:0120-344101

ニーポート

ナット・クール バガ 2020

Nat' Cool Baga

赤

革新的なコンセプトを バガ種の1L ボトルで表現

低アルコールやオーガニック、手頃な価格といった要素を盛り込んだコンセプト「ナット・クール」に基づいて造られたワインは、驚くほど軽快で親しみやすい仕上がり。1L ボトルでバガ種の魅力を堪能したい。

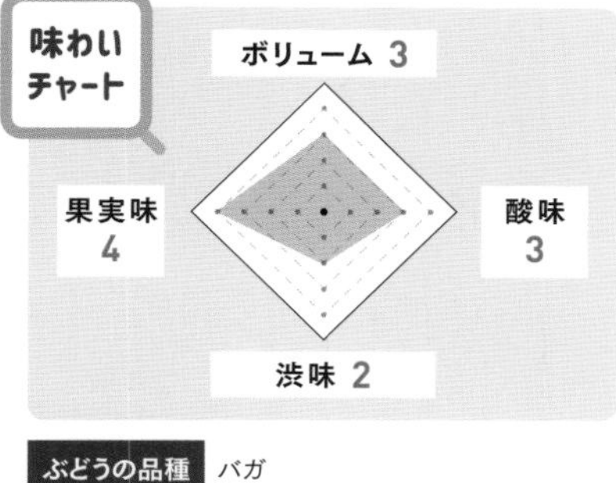

ぶどうの品種 バガ

■生産地：バイラーダ
■アルコール度数：12.5%　■内容量：1000ml　■参考価格（税込）：3190円

輸入・販売元 木下インターナショナル株式会社　https://www.kinoshita-intl.co.jp/contact/

ソアリェイロ

ソアリェイロ 2021

Soalheiro

白

アルヴァリーニョに力を注ぐ パイオニアが手がける

ヴィーニョ・ヴェルデ地域の先駆者であり、アルヴァリーニョ種のトップ生産者による白ワイン。最高品質のぶどうを生み出すべく、多くは有機農法で栽培される。トロピカルな風味とミネラル感が詰まった１本。

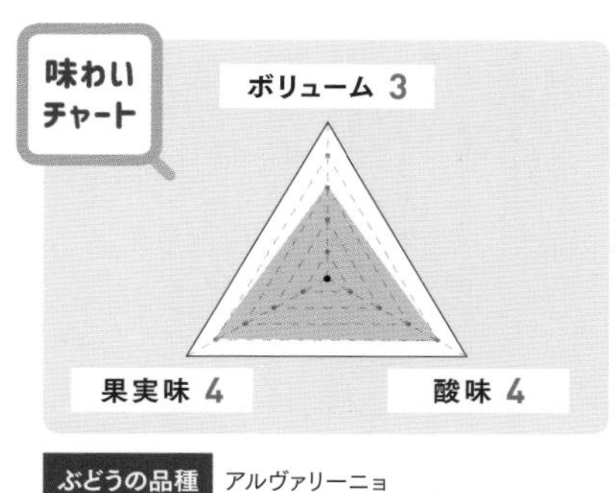

ぶどうの品種 アルヴァリーニョ

■生産地：ヴィーニョ・ヴェルデ
■アルコール度数：12.0%　■内容量：750ml　■参考価格（税込）：2860円

輸入・販売元 木下インターナショナル株式会社　https://www.kinoshita-intl.co.jp/contact/

ヴィーニンガー

ウィーナー ゲミシュター・サッツ 2020

Wiener Gemischter Satz

白

複数品種を混植する農法で 独自のテロワールを表現

「ゲミシュター・サッツ」と呼ばれる、ぶどうの複数品種を混植する農法でテロワールを表現。11 種類もの品種が使われているため、さまざまな料理を少量ずつ楽しむビュッフェスタイルなどにもおすすめ。

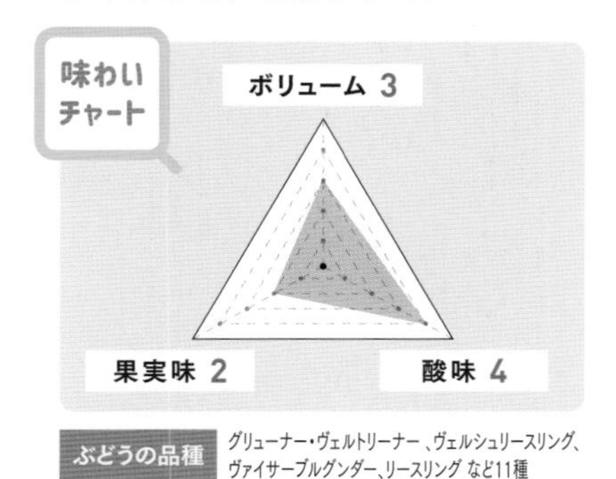

ぶどうの品種 グリューナー・ヴェルトリーナー、ヴェルシュリースリング、ヴァイサーブルグンダー、リースリング など11種

■生産地：ウィーン
■アルコール度数：12.9%　■内容量：750ml　■参考価格（税込）：3740円

輸入・販売元 ヘレンベルガー・ホーフ株式会社　TEL:072-624-7540

ヴァイングート・シュロス・ゴベルスブルク

ドメーネ・ゴベルスブルク グリューナー・ヴェルトリーナー 2021

DOMAENE GOBELSBURG GRUNER VELTLINER

白

品種の特性を生かした 軽快な飲み心地の白ワイン

オーストリアの品種、グリューナー・ヴェルトリーナーの特性を知り尽くしたトッププロデューサーによる、ミネラルたっぷりの白ワイン。丸みのある果実感とキレのある酸味で、軽快な飲み心地が印象的。

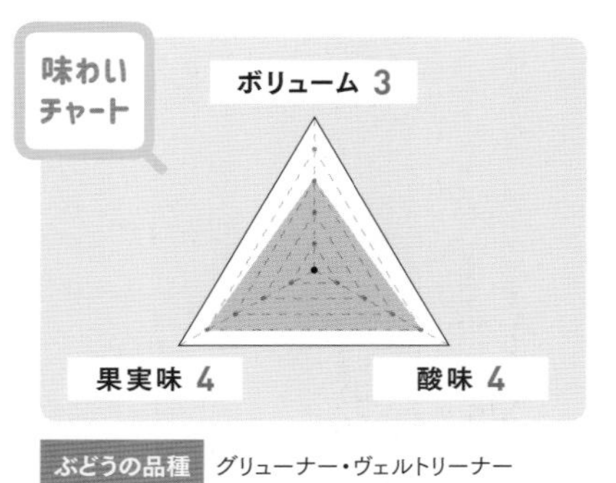

ぶどうの品種 グリューナー・ヴェルトリーナー

■生産地：カンプタール
■アルコール度数：12.5%　■内容量：750ml　■参考価格（税込）：2420円

輸入・販売元 株式会社モトックス　TEL:0120-344101

※ワイン名や商品写真に記載されたヴィンテージは、購入時期によって異なる場合があります。

サンタ・アンドレア

アールダーシュ・エグリ・ビィカベール・スーペリオール2019

ALDAS COOL CLIMATE WINE EGRI BIKAVER SUPERIOR

赤

エゲル伝統の“牡牛の血”余韻も美しいブレンドワイン

エゲル地方で“牡牛の血”と呼ばれる伝統的なブレンドの赤ワイン「エグリ・ビィカベール」。サンタ・アンドレアが造る1本は洗練されたスパイス感に、柔らかなタンニンとミネラリーな余韻が美しい。

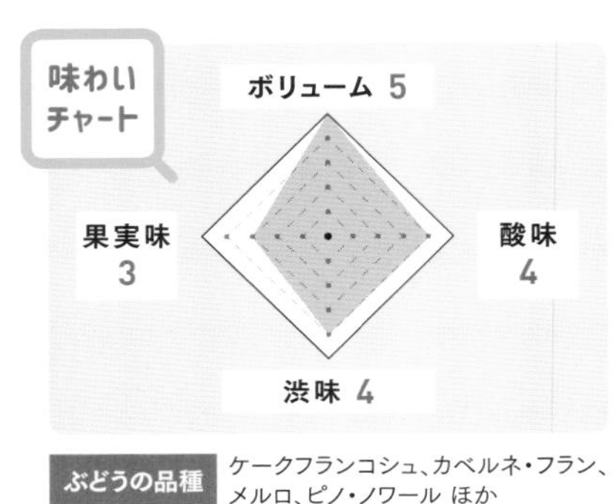

ぶどうの品種 ケークフランコシュ、カベルネ・フラン、メルロ、ピノ・ノワール ほか

■生産地：エゲル
■アルコール度数：14.5％ ■内容量：750ml ■参考価格（税込）：3410円

輸入・販売元 株式会社スズキビジネス E-mail：essencia@suzuki-business.co.jp

シャトー・デレスラ

トカイ フルミント ドライ 2020

TOKAJI Furmint Dry

白

歴史あるシャトーで造るハンガリーの辛口白ワイン

トカイ地方で15世紀初頭からの長い歴史を持つとされる、シャトー・デレスラが造る辛口の白。ハンガリーの代表的品種、フルミントを使用し、きれいな酸と柔らかな口当たりに。奥深い果実味も感じられる。

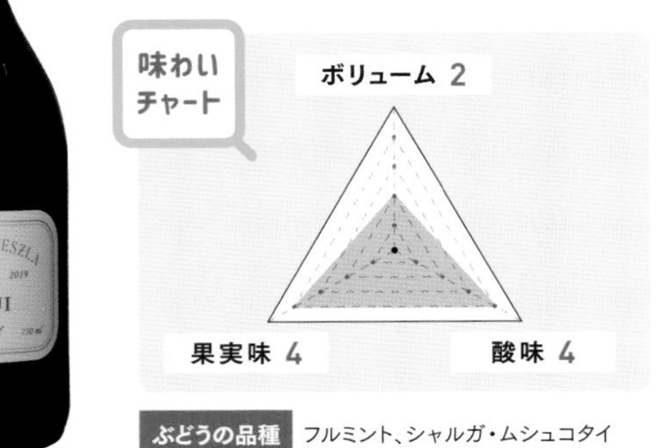

ぶどうの品種 フルミント、シャルガ・ムシュコタイ

■生産地：トカイ
■アルコール度数：12.0％ ■内容量：750ml ■参考価格（税込）：1595円

輸入・販売元 株式会社モトックス TEL:0120-344101

Topics

「@（アットマーク）」の語源はワイン？

メールアドレスや単価を示す記号としてよく目にする「@（アットマーク）」の起源は、実はワインの単位だったといわれている。@はラテン語の「アンフォラ」という器の略で、ワイン造りに使う素焼きの甕（かめ）を指すのだ。ちなみに、「1アンフォラ」は時代によって若干異なるが、約6ガロン（22・7ℓ）である。

ワイン以外にも穀物や魚、オリーブ油などを運搬したり保存するために使われていた素焼きの甕「アンフォラ」。

チャーニー・ワイナリー

クービラ・ヴィラーニ・フラン2015

KoVillA VILLANYI FRANC

赤

ヴィラーニ地方で生まれるしっかりとしたカベルネ・フラン

注目のヴィラーニ地方で栽培されるカベルネ・フラン100％の赤ワイン。味わいはしっかりとした骨格で、熟した果実味に青草の爽やかなニュアンスも感じられる。ジンギスカンやラムチョップのグリルと。

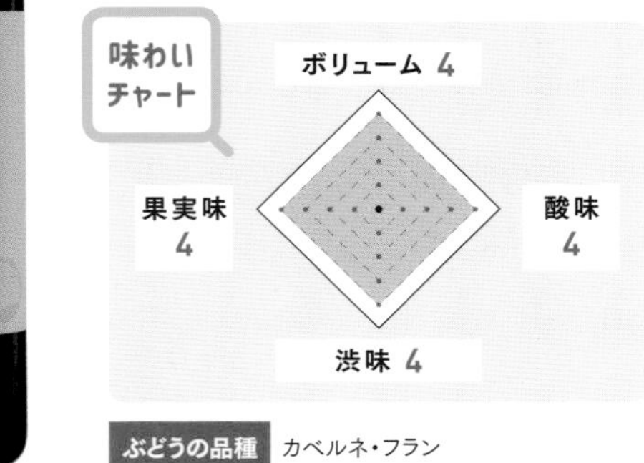

ぶどうの品種 カベルネ・フラン

■生産地：ヴィラーニ
■アルコール度数：13.5％ ■内容量：750ml ■参考価格（税込）：6490円

輸入・販売元 株式会社スズキビジネス E-mail：essencia@suzuki-business.co.jp

サイクルズ・グラディエーター

サイクルズ・グラディエーター ソーヴィニヨン・ブラン カリフォルニア 2020

CYCLES GLADIATOR SAUVIGNON BLANC

白

自転車ラベルが目印 カルパッチョやサラダと

爽やかなソーヴィニヨン・ブランを使った、コストパフォーマンスのよいカリフォルニア産白ワイン。柑橘やトロピカルフルーツ、香草のアロマといきいきとした酸味が、カルパッチョやサラダとの相性抜群。

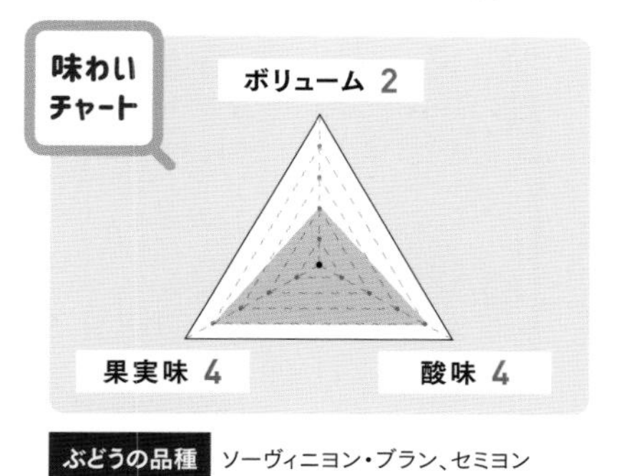

ぶどうの品種 ソーヴィニヨン・ブラン、セミヨン

■生産地：カリフォルニア州
■アルコール度数：13.5％ ■内容量：750ml ■参考価格（税込）：2035円

輸入・販売元 WINE TO STYLE株式会社 E-mail：info@winetostyle.co.jp

トゥエンティ・ロウズ

トゥエンティ・ロウズ シャルドネ ナパ・ヴァレー 2020

TWENTY ROWS CHARDONNAY NAPA VALLEY

白

華やかな果実味を感じる ナパ・ヴァレー産の白ワイン

豊かな果実味とオーク樽由来のバニラ香も感じられる白ワイン。クリーミーな口当たりでカリフォルニアらしいふくよかな味わいも魅力。価格も手頃で入手しやすいので、毎日の一杯に最適だ。

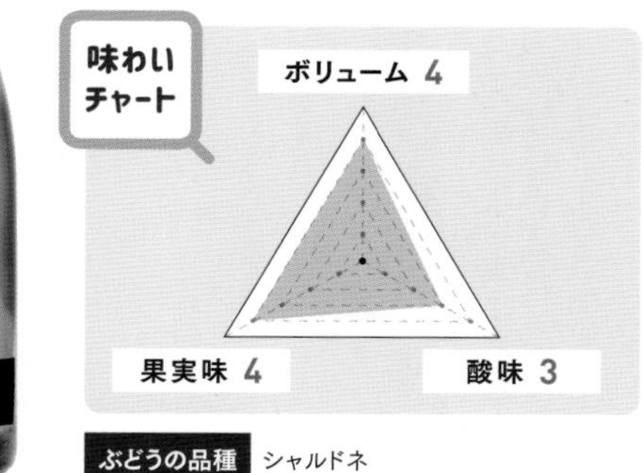

ぶどうの品種 シャルドネ

■生産地：カリフォルニア州（ナパ・ヴァレー）
■アルコール度数：13.5％ ■内容量：750ml ■参考価格（税込）：2970円

輸入・販売元 WINE TO STYLE株式会社 E-mail：info@winetostyle.co.jp

ソーコル ブロッサー

エヴォリューション・ホワイト ラッキーNo.9 2020

Evolution Lucky No.9 White Blend

白

オレゴン州で醸される 香りも楽しい白ワイン

コロンビア・ヴァレー産のぶどうを90％以上使った、香りの豊かさが印象的な白ワイン。ライムやライチ、グァバ、マンゴー、アプリコットの果実香に加え、紅茶のような香りも感じることができる楽しい１本だ。

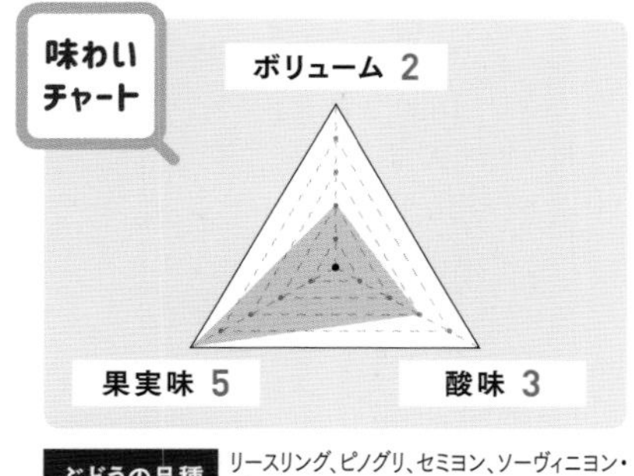

ぶどうの品種 リースリング、ピノグリ、セミヨン、ソーヴィニヨン・ブラン、ミュスカ・カネリ、シャルドネなど

■生産地：オレゴン州
■アルコール度数：12.0％ ■内容量：750ml ■参考価格（税込）：2640円

輸入・販売元 オルカ・インターナショナル株式会社 https://www.orca-international.com

チャールズ・スミス・ワインズ

カンフーガール リースリング 2020

KUNG FU GIRL RIESLING

白

遊び心溢れるラベルは 味やペアリングを表現

一目でそれとわかる、芸術的なラベルデザインで愛され続けるワイナリー。「カンフーガール」はリンゴ、ピーチ、アプリコットを感じさせる香りが特徴的で、アジアン料理や魚介、鶏豚料理などにも幅広く合う。

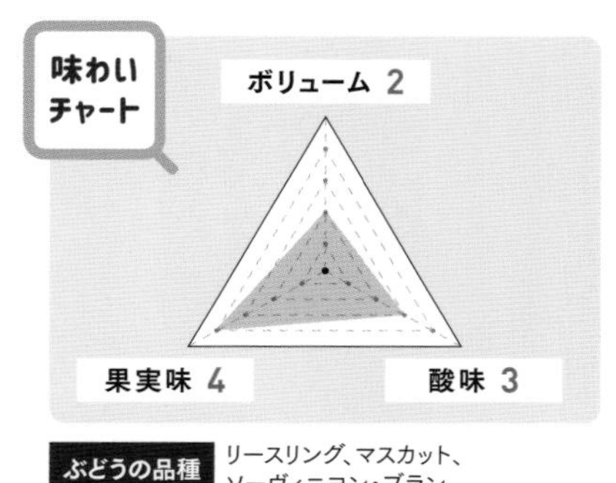

ぶどうの品種 リースリング、マスカット、ソーヴィニヨン・ブラン

■生産地：ワシントン州
■アルコール度数：12.0％ ■内容量：750ml ■参考価格（税込）：2640円

輸入・販売元 オルカ・インターナショナル株式会社 https://www.orca-international.com

※ワイン名や商品写真に記載されたヴィンテージは、購入時期によって異なる場合があります。

スリー・シーヴズ

スリー・シーヴズ カリフォルニア ピノ・ノワール 2020

Three Thieves California PINOT NOIR

赤

コストパフォーマンス抜群 上品な渋味が味を引き締める

通称"カリピノ"と呼ばれるカリフォルニアのピノ・ノワールを78%使用。ベリーの香りの中にほんのりスパイシーさも感じ、優しい口当たりとともに果実感と上品な渋味も。果実味とオークが見事に調和した。

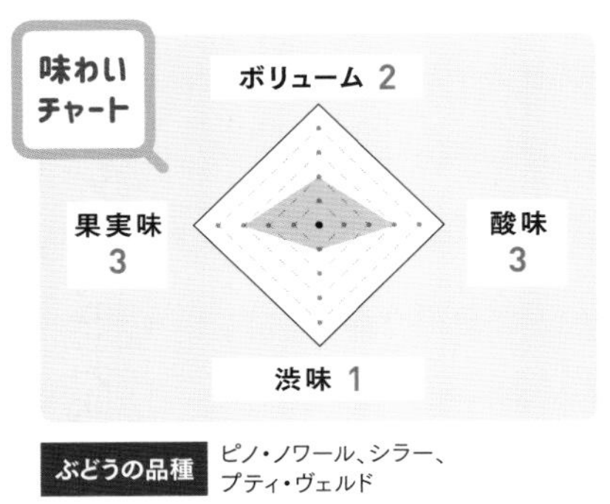

ぶどうの品種 ピノ・ノワール、シラー、プティ・ヴェルド

■生産地:カリフォルニア州
■アルコール度数:13.5% ■内容量:750ml ■参考価格(税込):2200円

輸入・販売元 布袋ワインズ株式会社 TEL:03-5789-2728

ハーン・ワイナリー

ロゼ・オブ・ピノ・ノワール モントレー・カウンティ 2020

ROSÉ OF PINOT NOIR MONTEREY COUNTY

ロゼ

ピノ・ノワールの名手が醸す 香り豊かなロゼワイン

カリフォルニア州モントレーのハーン・ワイナリーが造るピノ・ノワール100%の香り豊かなロゼワイン。綺麗な淡いピンク色が美しく、イチゴやラズベリーのフレッシュでみずみずしい果実味が心地よい。

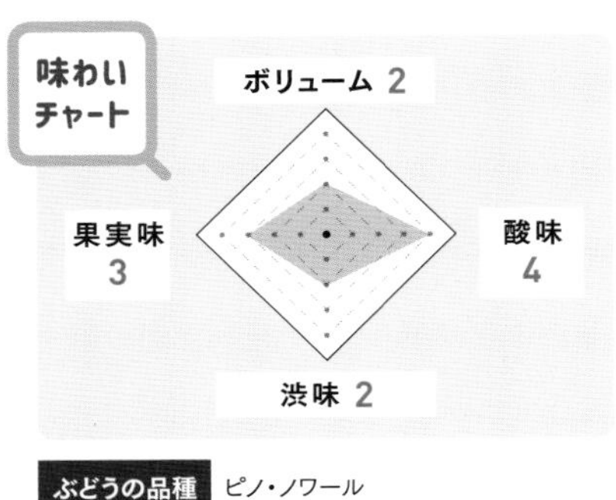

ぶどうの品種 ピノ・ノワール

■生産地:カリフォルニア州(モントレー・カウンティ)
■アルコール度数:14.2% ■内容量:750ml ■参考価格(税込):2695円

輸入・販売元 WINE TO STYLE株式会社 E.mail:info@winetostyle.co.jp

ランチ32

ランチ32 カベルネ・ソーヴィニヨン 2019

RANCH32 CABERNET SAUVIGNON

赤

深みのある味わいと みずみずしさが調和した1本

自社畑で栽培されたカベルネ・ソーヴィニヨンのみでつくられた赤ワイン。酸味と渋味があり、黒い果実とオーク樽の風味を伴った力強さが魅力。バーベキューや、牛や鹿、仔羊などの肉料理とともに楽しみたい。

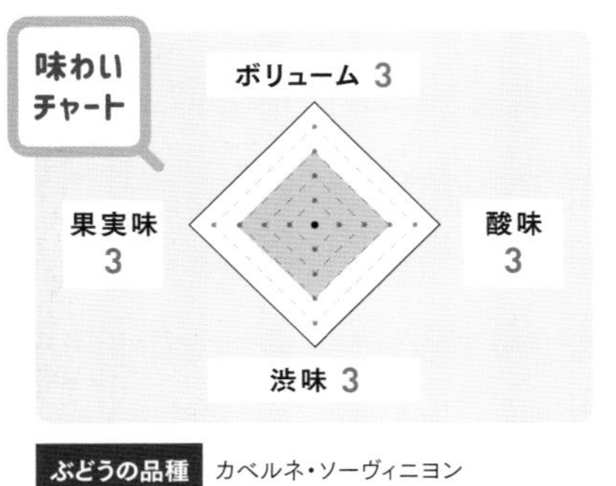

ぶどうの品種 カベルネ・ソーヴィニヨン

■生産地:カリフォルニア州(モントレー)
■アルコール度数:13.5% ■内容量:750ml ■参考価格(税込):2068円

輸入・販売元 オルカ・インターナショナル株式会社 https://www.orca-international.com

クライン

クライン オールド・ヴァイン ロダイ ジンファンデル 2020

CLINE OLD VINE LODI ZINFANDEL

赤

伝統製法で造られた コスパ抜群の赤

平均樹齢60年のブドウを使用。内陸部の産地・ロダイの伝統的なアプローチで造られたワインは、甘いアロマと柔らかいタンニンの味わいが魅力的。コストパフォーマンスも抜群で常備したい1本。

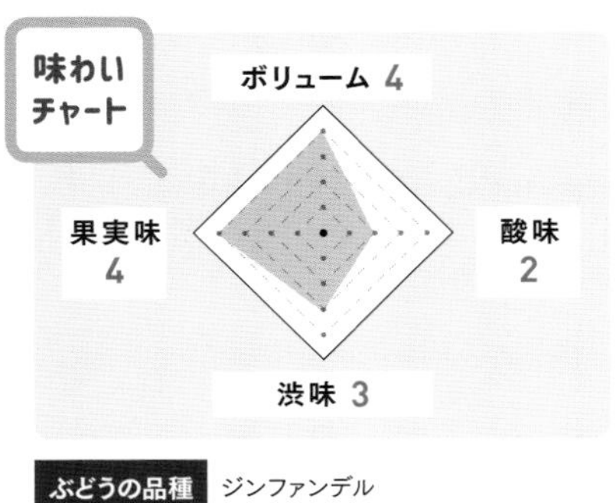

ぶどうの品種 ジンファンデル

■生産地:カリフォルニア州(ロダイ)
■アルコール度数:14.5% ■内容量:750ml ■参考価格(税込):2530円

輸入・販売元 布袋ワインズ株式会社 TEL:03-5789-2728

AMERICA

オーパスワン

オーヴァチャー

OVERTURE by Opus One

赤

ガーネット色の輝きと複雑で優美な味わいの傑作

高く評価されるカリフォルニアのワイン「オーパスワン」のセカンドワイン。口に含むと、豊かかつシームレスで完璧なバランスの風味が広がる。長期の樽熟成による丸みのあるタンニンの上品な渋味も堪能できる。

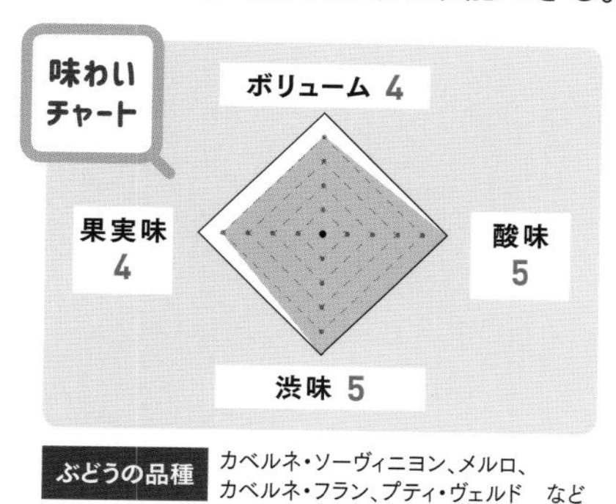

ぶどうの品種　カベルネ・ソーヴィニヨン、メルロ、カベルネ・フラン、プティ・ヴェルド　など

■生産地：カリフォルニア州（ナパ・ヴァレー）
■アルコール度数：14.0％　■内容量：750ml　■参考価格（税込）：オープン価格

製造元　オーパスワンワイナリー　E-mail：info@opusonewinery.com

キスラー・ヴィンヤーズ

ソノマ・コースト レ・ノワゼッティエール シャルドネ

Sonoma Coast Les Noisetiers Chardonnay

白

洗練された芳醇な香りと複雑で奥深い余韻を楽しもう

「カリフォルニア・シャルドネの王」と呼ばれるキスラーの代表的な白ワイン。ローストしたヘーゼルナッツのような風味に、奥深い果実味。世界中のファンが魅了されるこのリッチなスタイルを堪能しよう。

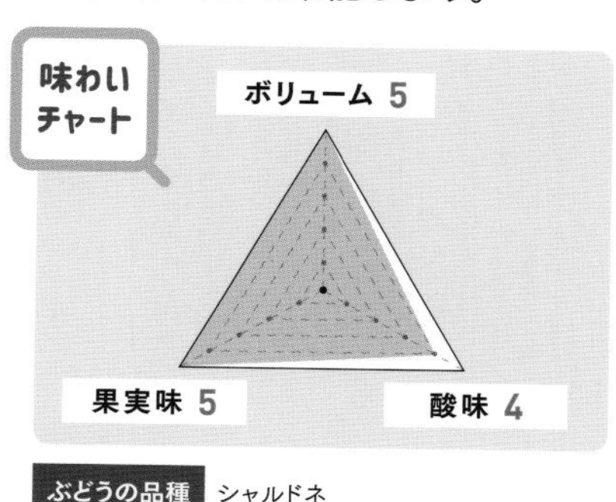

ぶどうの品種　シャルドネ

■生産地：カリフォルニア州
■アルコール度数：14.3％　■内容量：750ml　■参考価格（税込）：14300円

輸入・販売元　エノテカ株式会社　https://www.enoteca.co.jp

Topics

コルクからワインの状態をチェック

ワインの栓といえばコルク。コルクの役割は、実は「栓をする」というだけではない。ワインの保存状態を知る大きな手がかりにもなるのだ。ソムリエが抜栓後にコルクの香りを嗅ぐのもそのため。

コルク栓にはいくつかの種類がある。高級ワインに用いられることの多い天然コルク（左の写真）は、「コルク樫（がし）」の樹皮からできている。弾力性と機密性に富み、ワインの熟成には最適な素材だ。

他にはガラスやプラスチック、合成樹脂などで造られたコルクもある。また、手頃なカジュアルワインでは、片手で回して簡単に開けられる金属製のスクリューキャップも急速に増えている。

コルクにまつわるギモンを解決！

Q1. コルクの上部にカビが生えているけど大丈夫でしょうか？

A. 問題なし

湿度のある場所で保管されたから

コルクにカビがついているのは、そのワインが湿度の高いところで保管されていた証拠。ワインにとって湿度は味方。よいワインの証だ。

Q2. コルクの液面側に結晶が付いているのですが…

A. 問題なし

「酒石」と呼ばれ、悪いものではない

ワインと触れ合っていた部分に結晶がついたもの。ぶどうにもともと含まれる「酒石酸」が固まってできる。

Q3. コルクの上部が盛り上がっています。

A. 要注意

保存状態が悪いのかも？

コルクが盛り上がり、キャップシールが押し上げられているような場合は、ワイン保存時の温度が高い可能性があり、中身も劣化しているおそれが。

Q4. カビのような臭いがするのですが…

A. NG

「ブショネ」という不快臭は事故品の証拠

湿ったダンボールの臭いに例えられるような不快なカビ臭は「ブショネ」と呼ばれるもの。ワイン全体の約3％に発生し、残念だがワインの魅力は失われている。明らかにブショネと判断できるものであれば、購入先が返品に応じてくれる場合もあるので相談を。

※ワイン名や商品写真に記載されたヴィンテージは、購入時期によって異なる場合があります。

アラミス ヴィンヤーズ

アラミス ホワイトラベル シラーズ 2017

ARAMIS VINEYARDS White Label Shiraz

赤

樽とタンクで 18 カ月熟成 エレガントな赤ワイン

産地であるマクラーレン・ヴェイルを代表する品種のシラーズ。ブラックベリー、黒胡椒、カカオ、ミントの香りがバランスよく混ざりあい、柔らかいタンニンを感じるフルボディの１本。

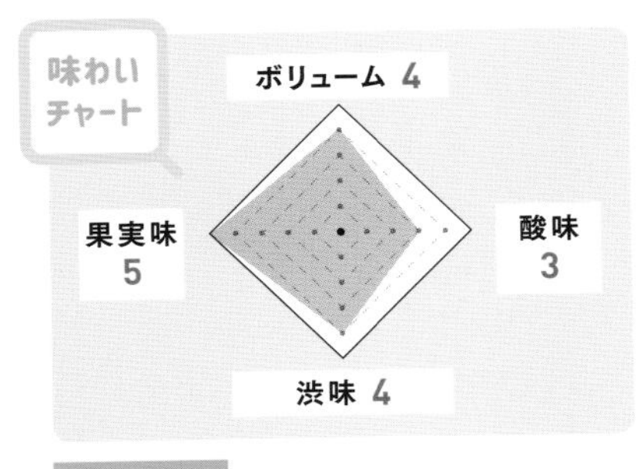

ぶどうの品種 シラーズ

□生産地：南豪州（マクラーレン・ヴェイル）
□アルコール度数：14.5%　□内容量：750ml　□参考価格（税込）：1980円

輸入・販売元 株式会社稲葉　TEL：052-741-4702

ローガン・ワインズ

ウィマーラ リースリング 2021

Weemala Riesling

白

果実や花の複雑な香りに 程よいボリューム感も

オレンジの花や皮、レモン、紅茶、バラの香りを感じる辛口白。ミネラル感豊かで、口に含むと、甘く熟したライムやリンゴの蜜にスパイスの風味も。豚肉、魚介、鶏肉などどんな食事とも合わせられる。

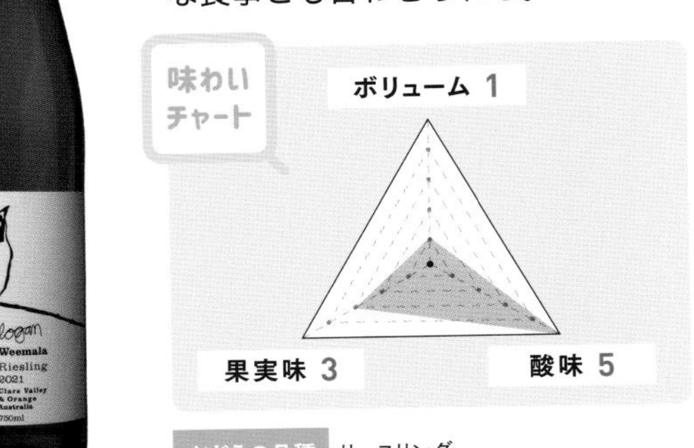

ぶどうの品種 リースリング

□生産地：南豪州（クレア・ヴァレー）＆ニュー・サウス・ウェールズ州（オレンジ）
□アルコール度数：12.0%　□内容量：750ml　□参考価格（税込）：1925円

輸入・販売元 株式会社モトックス　TEL：0120-344101

ルーウィン・エステート

ルーウィン・エステート アートシリーズシャルドネ 2018

LEEUWIN ESTATE Art Series CHARDONNAY

白

常に高い評価を得る 豪州を代表するシャルドネ

梨、柑橘、カモミールのアロマは繊細さの中に力強さとエレガンスを兼ね備える。伸びやかな酸、幾重にも重なる味わいは存在感抜群。有名な評論誌に「世界最高峰のシャルドネ」と取り上げられ一躍有名に。

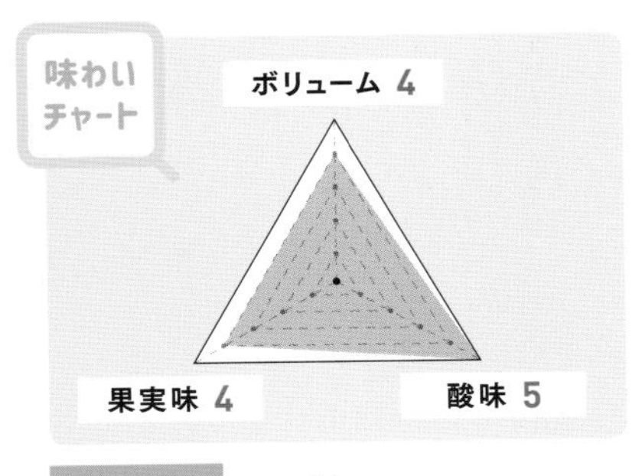

ぶどうの品種 シャルドネ

□生産地：西豪州（マーガレット・リヴァー）
□アルコール度数：13.9%　□内容量：750ml　□参考価格（税込）：12650円

輸入・販売元 ヴィレッジ・セラーズ株式会社　TEL：0766-72-8680

ソウマ

ソウマ ピノ・ノワール ヘキサム・ヴィンヤード 2020

SOUMAH PINOT NOIR HEXAM VINEYARD

赤

サクランボのようなアロマと 心地よい酸味が楽しい

非常に冷涼なエリアで造られる、赤い果実と綺麗な酸味が心地よいミディアムボディの赤ワイン。オーク樽熟成由来の奥行きや風味も溶け込んだ味わい深い１本。16℃くらいの温度で楽しむのがおすすめ。

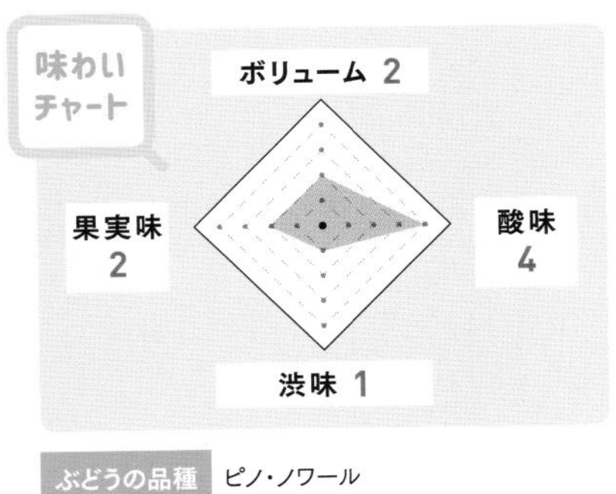

ぶどうの品種 ピノ・ノワール

□生産地：ヴィクトリア州（ヤラ・ヴァレー）
□アルコール度数：13.0%　□内容量：750ml　□参考価格（税込）：3190円

輸入・販売元 株式会社モトックス　TEL：0120-344101

ブラッケンブルック

ブラッケンブルック ネルソン ピノグリ

Blackenbrook Nelson Pinot Gris

白

繊細なアロマを保つため 低温発酵にこだわる

穏やかな甘みにバランスのとれた酸、そして味の複雑さとクリーミーさが特徴の白ワイン。白桃や梨、白胡椒やクローヴなどのリッチな香りが楽しめる。厚切りの豚肉料理やフルーツソースと合わせてみたい。

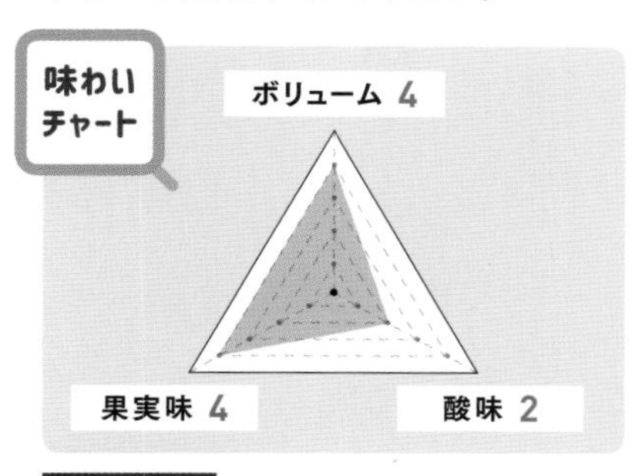

ぶどうの品種 ピノグリ

■生産地：ネルソン
■アルコール度数：14.5%　■内容量：750ml　■参考価格（税込）：2860円

輸入・販売元　株式会社サザンクロス　E-mail：info@scnz.jp

グローヴ・ミル

グローヴ・ミル　マールボロ ソーヴィニヨン・ブラン 2021

GROVE MILL MARLBOROUGH SAUVIGNON BLANC

白

フルーティーな果実味と酸 長い余韻を楽しもう

マールボロ産ソーヴィニヨン・ブランを100%使用した、ニュージーランドワインの入門編ともいえる白ワイン。トロピカルフルーツと爽やかなディルのアロマがフルーティーさを際立たせる。

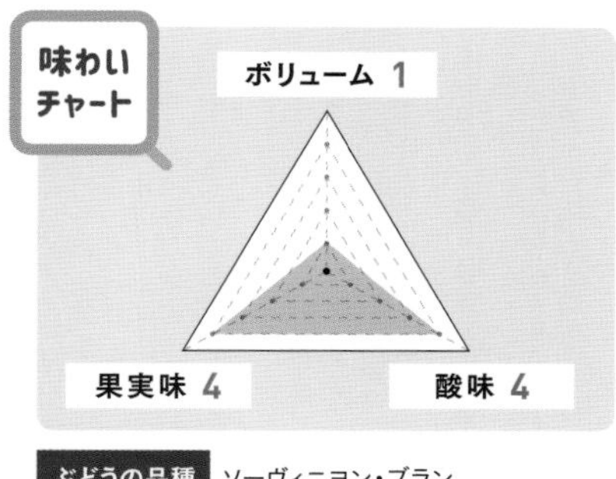

ぶどうの品種 ソーヴィニヨン・ブラン

■生産地：マールボロ
■アルコール度数：13.0%　■内容量：750ml　■参考価格（税込）：2500円

輸入・販売元　株式会社ヴァイアンドカンパニー　E-mail：info@vaiandco.com

プロヴィダンス

プロヴィダンス プライベートリザーヴ

Providence PRIVATE RESERVE

赤

世界が認める NZを代表する赤ワイン

厳格な格付けで知られるボルドー右岸のサン・テミリオンを意識した希少ワイン。赤いベリーやチョコレートを思わせる香りで、口当たりは黒系果実と渋味にバニラのニュアンスが感じられる。

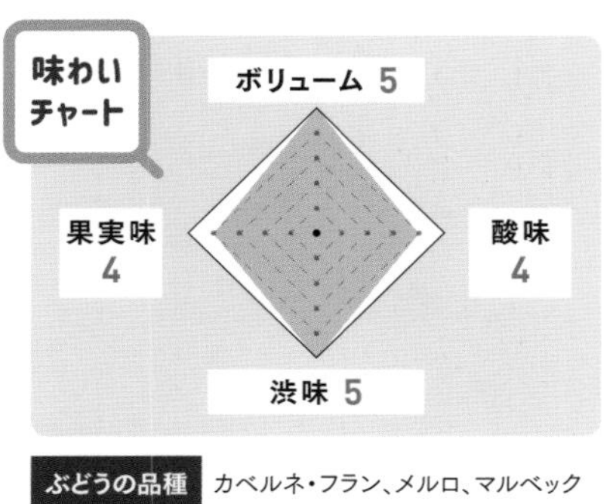

ぶどうの品種 カベルネ・フラン、メルロ、マルベック

■生産地：オークランド
■アルコール度数：13.0%　■内容量：750ml　■参考価格（税込）：23650円

輸入・販売元　株式会社ファインズ　TEL：03-6732-8600

ダッシュウッド

ダッシュウッド マールボロ ピノ・ノワール 2020

DASHWOOD MARLBOROUGH PINOT NOIR

赤

タンニンと果実味の バランスに優れた赤ワイン

冷涼なマールボロで育まれたピノ・ノワールを100%使用。熟したストロベリーを凝縮させたようなアロマと味わいを上品に味わえる。フレンチオークの新樽と古樽を使った熟成の絶妙なバランスも表現された1本。

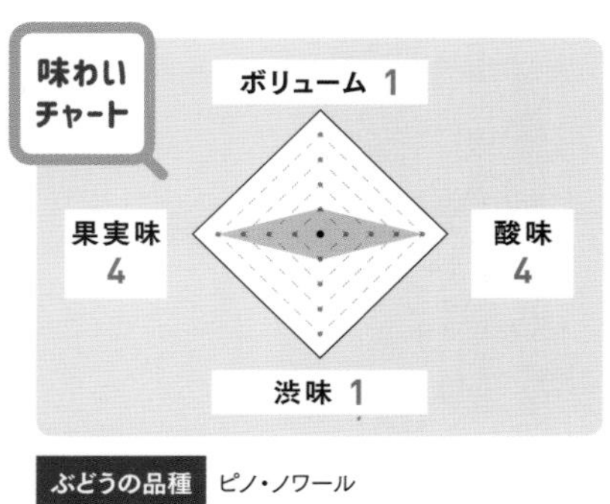

ぶどうの品種 ピノ・ノワール

■生産地：マールボロ
■アルコール度数：13.5%　■内容量：750ml　■参考価格（税込）：2300円

輸入・販売元　株式会社ヴァイアンドカンパニー　E-mail：info@vaiandco.com

※ワイン名や商品写真に記載されたヴィンテージは、購入時期によって異なる場合があります。

ドメーヌ・デ・グラス

ドメーヌ・デ・グラス “レゼルヴァ”ソーヴィニヨン・ブラン

Domaine De Gras Reserva Sauvignon Blanc

白

造り手はチリの“No.1”にも 減農薬ぶどう使用の上品な白

創業から9年ほどで、チリのNo.1にあたる賞を獲得したワイナリーのエレガントな白。減農薬で栽培した自社畑のソーヴィニヨン・ブランを使うため、収量も少なめの貴重な1本だ。魚介や野菜料理と合わせたい。

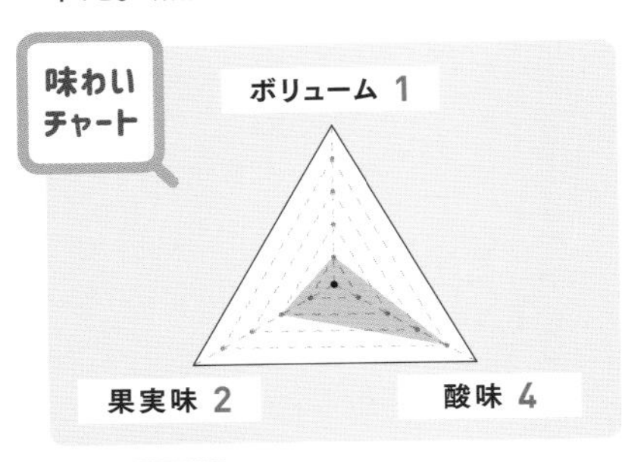

ぶどうの品種 ソーヴィニヨン・ブラン

■生産地：レイダ・ヴァレー
■アルコール度数：12.0％ ■内容量：750ml ■参考価格（税込）：2420円

輸入・販売元 株式会社ワインコンチェルト TEL:03-5733-1015

ベティッグ

ベティッグ ヴィーノ・デ・プエブロ シャルドネ

Baettig Vino de Pueblo Chardonnay

白

チリの天才醸造家が造る エレガントで価格以上の逸品

世界最優秀醸造家にもノミネートされるフランシスコ・ベティッグが、チリの冷涼地で育ったぶどうから造るエレガントな1本。チリワインの概念を覆すほどの、価格以上のクオリティをじっくりと味わいたい。

ぶどうの品種 シャルドネ

■生産地：マジェコ・ヴァレー
■アルコール度数：13.0％ ■内容量：750ml ■参考価格（税込）：2970円

輸入・販売元 株式会社ヴァンパッシオン TEL:03-6402-5505

ビーニャ ウイリアム フェーヴル チリ

エスピノ ピノ・ノワール 2021

espino pinot noir 2021

赤

美しいルビーレッドをまとい 洗練されたボディ

フランスのシャブリの名門が手がける、コストパフォーマンス抜群のピノ・ノワール。チェリーやイチゴの香りの奥に微かなミネラルを感じ、口に含むとさわやかな酸と果実味が続く。鶏肉や鴨肉と相性抜群。

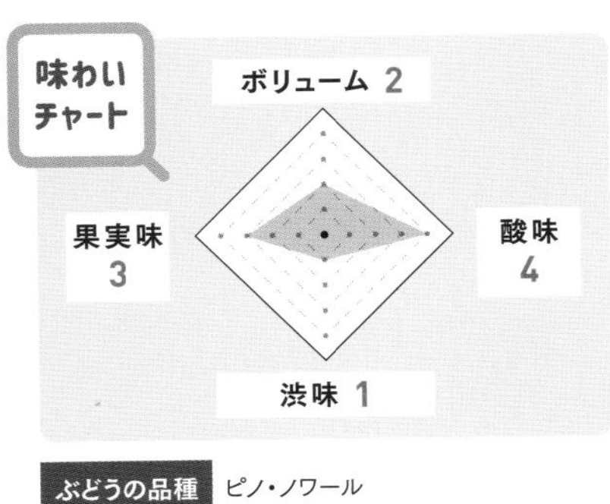

ぶどうの品種 ピノ・ノワール

■生産地：アコンカグア、カサブランカ・ヴァレー
■アルコール度数：13.5％ ■内容量：750ml ■参考価格（税込）：1980円

輸入・販売元 株式会社稲葉 TEL:052-741-4702

ベンティスケーロ

ケウラ カベルネ・ソーヴィニヨン

QUEULAT CABERNET SAUVIGNON

赤

オーク樽で1年以上熟成 香りと味のバランスが秀逸

熟したカシスやクランベリージャム、樽熟成由来のバニラのアロマに、フルーティーで柔らかいタンニンが魅力的な1本。絶妙なバランスで高い完成度を感じさせるミディアムボディの赤ワイン。

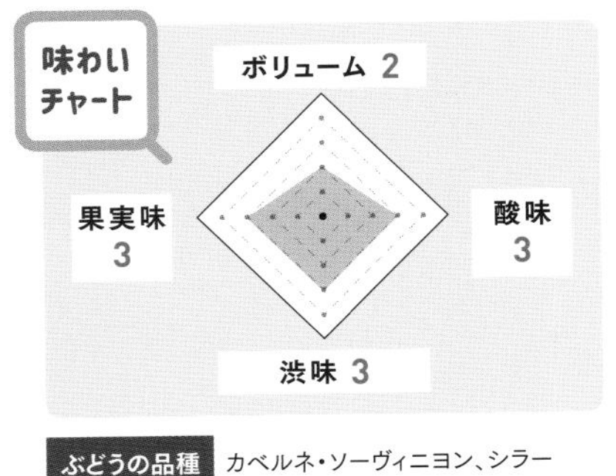

ぶどうの品種 カベルネ・ソーヴィニヨン、シラー

■生産地：マイポ・ヴァレー
■アルコール度数：13.5％ ■内容量：750ml ■参考価格（税込）：2420円

輸入・販売元 株式会社アルカン TEL:03-3664-6591

ボデガ・コロメ

ボデガ・コロメ・トロンテス 2021年

Bodega Colomé ESTATE TORRONTÉS

白

標高 1700 ～ 3000m で育つ 華やかで飲みやすい白

アルゼンチンを代表するアロマティックな白ぶどう、トロンテスを100%使用したフルーティーな白ワイン。フレッシュでふくらみのあるボディは飲みやすくエレガント。シンプルな豚肉料理と合わせたい。

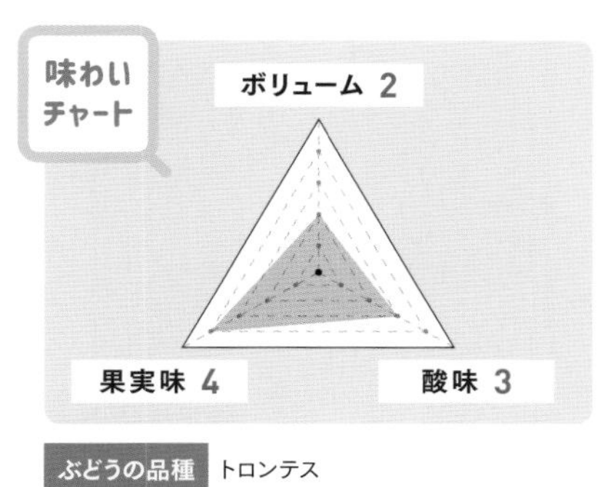

ぶどうの品種　トロンテス

■生産地：サルタ州（ヴァレ・カルチャキ）
■アルコール度数：13.0%　■内容量：750ml　■参考価格（税込）：2200円

輸入・販売元　ヴィレッジ・セラーズ株式会社　TEL:0766-72-8680

アルマヴィーヴァ

アルマヴィーヴァ

Almaviva

赤

輝きのある深紅の色調 チリ最高峰のプレミアムワイン

チリとフランスのトップ生産者によるコラボから生み出された赤ワインは、重々しさよりもエレガンスを感じるフルボディに仕上がった。上質なチリワインを代表する、ポテンシャルの高い珠玉の１本だ。

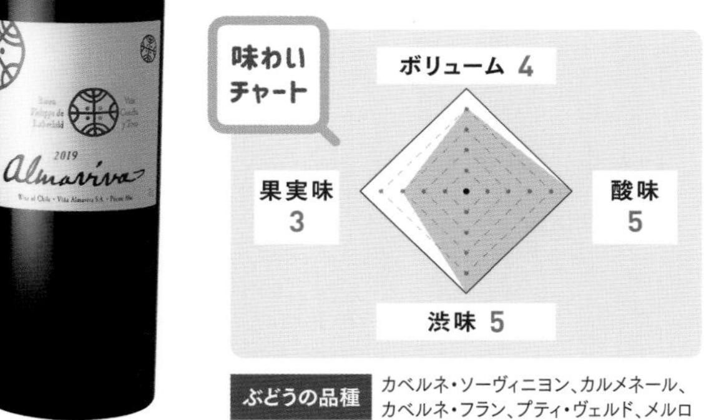

ぶどうの品種　カベルネ・ソーヴィニヨン、カルメネール、カベルネ・フラン、プティ・ヴェルド、メルロ

■生産地：マイポ・ヴァレー
■アルコール度数：15.0%　■内容量：750ml　■参考価格（税込）：28600円

輸入・販売元　エノテカ株式会社　https://www.enoteca.co.jp

カテナ

カテナ サパータ マルベック アルヘンティーノ2018

CATENA ZAPATA MALBEC ARGENTINO

赤

厳選された畑で収穫した 最良のマルベックのみを使用

カテナ家の100年におよぶマルベック探求の集大成と言えるワイン。深く濃いスミレ色、フローラルな香り、それに奥行きのあるタンニンが味を引き締める。世界的にも評価の高いマルベックのひとつ。

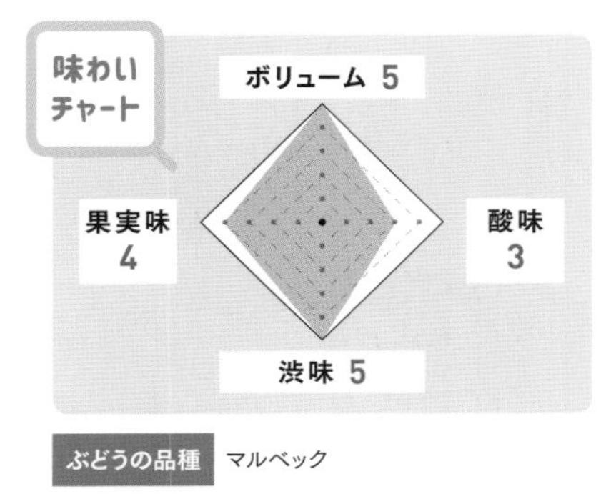

ぶどうの品種　マルベック

■生産地：メンドーサ州
■アルコール度数：14.0%　■内容量：750ml　■参考価格（税込）：14850円

輸入・販売元　株式会社ファインズ　TEL:03-6732-8600

ヴィーニャ・コボス

ヴィーニャ・コボス フェリーノ マルベック メンドーサ 2021

VIÑA COBOS FELINO MALBEC MENDOZA

赤

天才醸造家ポール・ホブスが アルゼンチンで醸す秀作

マルベックはアルゼンチンで最もポピュラーな黒ぶどう。フランス原産で、アルゼンチンでは濃い色合いのフルボディとなる。高地で造られる凝縮感の中にも澄んだぶどうの個性が光る素晴らしいワイン。

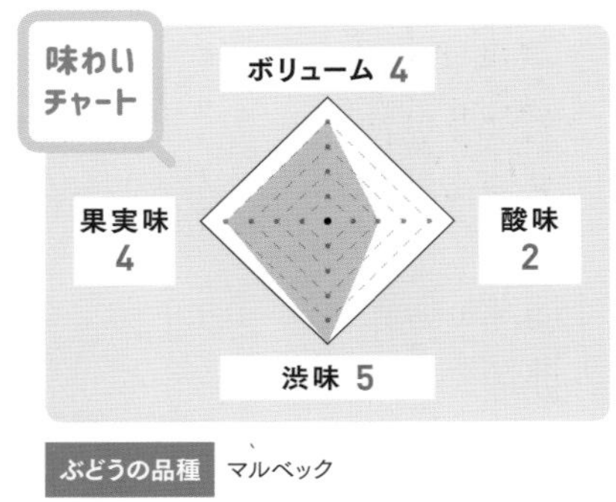

ぶどうの品種　マルベック

■生産地：メンドーサ州
■アルコール度数：14.5%　■内容量：750ml　■参考価格（税込）：2420円

輸入・販売元　WINE TO STYLE株式会社　E.mail:info@winetostyle.co.jp

　※ワイン名や商品写真に記載されたヴィンテージは、購入時期によって異なる場合があります。

ラーマン

ラーマン クラスター シャルドネ 2020

LAARMAN CLUSTER Chardonnay

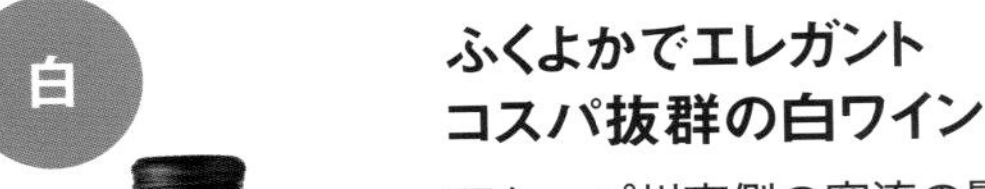

白

ふくよかでエレガント コスパ抜群の白ワイン

西ケープ州南側の寒流の影響を受ける南の沿岸部のシャルドネを使用。ふくよかさと酸味のバランスが素晴らしい。シーフードのソテーにレモンやライムを添えたり、バターやクリームソースを使った料理などと。

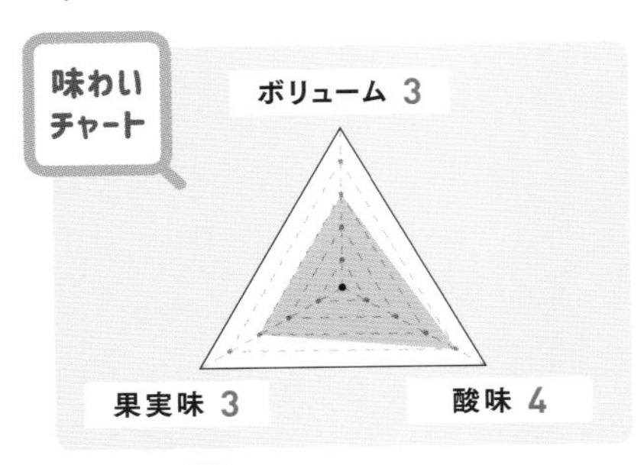

ぶどうの品種 シャルドネ

■生産地：西ケープ州（ケープ・サウス・コースト）
■アルコール度数：13.5%　■内容量：750ml　■参考価格（税込）：2310円

輸入・販売元 株式会社マスダ TEL:06-6882-1070

グラハム・ベック ワインズ

グラハム・ベック ブリュット NV

GRAHAM BECK BRUT NV

スパークリング

オバマ氏やマンデラ氏も 喜びの日に味わった１本

“南アフリカのシャンパーニュ”とも呼ばれ、価格以上のクオリティを誇る業界注目のスパークリングワイン。ムース状のきめ細かな泡と熟した柑橘系の果実味を備えた、洗練された味わいが楽しめる。

ぶどうの品種 シャルドネ、ピノ・ノワール

■生産地：西ケープ州
■アルコール度数：12.0%　■内容量：750ml　■参考価格（税込）：3300円

輸入・販売元 株式会社モトックス TEL:0120-344101

フランス皇帝のナポレオン・ボナパルトは、ワーテルローの戦いに敗れたのち、1815年にセント・ヘレナ島へ送られることに。ナポレオンがその地へわざわざ届けさせたのが南アフリカのワイン、コンスタンシアだ。しかし、残念ながら、ナポレオンはこのワインが届く前に亡くなっている。

グレネリー

グレネリー グラス・コレクション カベルネ・ソーヴィニヨン 2019

GLENELLY GLASS COLLECTION CABERNET SAUVIGNON

赤

フランスらしさを感じる クラシックな赤ワイン

カベルネの銘醸地、ステレンボッシュの自社畑のぶどうを使用。カシスやチェリー、スパイスなどを思わせる香りは複雑にして繊細。安定感あるフルボディで、程よい渋味と酸味にオークの風味のバランスがいい。

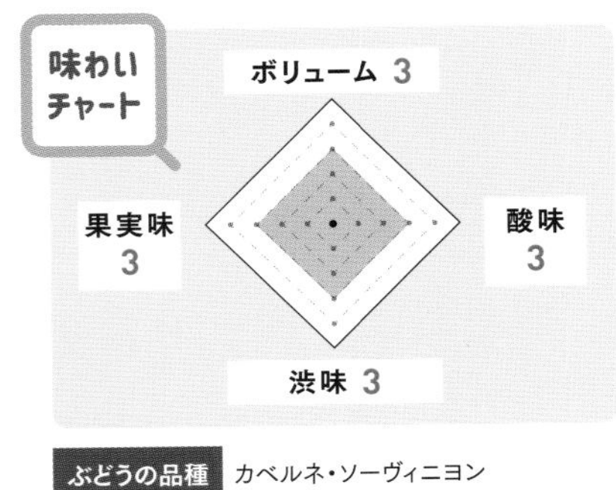

ぶどうの品種 カベルネ・ソーヴィニヨン

■生産地：西ケープ州（ステレンボッシュ）
■アルコール度数：15.0%　■内容量：750ml　■参考価格（税込）：2255円

輸入・販売元 株式会社マスダ TEL:06-6882-1070

大注目の"第4のワイン"とは？

「オレンジワイン」をご存知だろうか。オレンジ、といっても原料にオレンジが使われているわけではない。ぶどうで造られる「オレンジ色」をしたワインのことだ。

　このオレンジワイン、最近は「赤、白、ロゼに続く第4のワイン」として注目を集めている。

　オレンジワインの発祥は、世界最古のワイン産地といわれるジョージア。約8000年も前からワイン造りがおこなわれてきた国だ。

　ジョージアでは各家庭で、クヴェヴリと呼ばれる陶器に白ワインの果皮や種を入れて土に埋め、発酵させてオレンジワインを造ってきた。これがのちに話題を呼び、世界各地で造られるようになったというわけだ。

渋味のある本格派の味わい

　白ぶどうの皮や種を取り除き、すっきりと透明感のある味わいに仕上げる一般的な白ワインとは異なり、オレンジワインは赤ワインのように皮も種も一緒に発酵させる。そのため、タンニンの渋味も感じられる、本格派の味わいを楽しむことができる。

　また肉や魚を含む幅広い料理と相性がよく、食中酒としての役割を存分に果たしてくれるのもうれしい。まさに、赤ワインと白ワインのいいとこ取りのような存在なのだ。

　最近ではニュージーランドやオーストラリア、チリといったニューワールドを中心に世界各地で造られるオレンジワイン。"第4のワイン"はこれからますます広がっていきそうだ。

ウクライナ
ロシア
カザフスタン
ジョージア
カスピ海
黒海
アルメニア
アゼルバイジャン
トルコ
シリア
イラク
イラン
地中海

＼おすすめ！／

JAPAN

丸藤葡萄酒工業

ルバイヤート甲州醸し2021

Rubaiyat Kôshu Kamoshi

オレンジ

ぶどうのすべてを使い鮮やかなオレンジ色に醸す

ぶどうは自社管理畑で遅摘みした甲州種を使用。昔ながらの"葡萄酒"をイメージし、皮・種・果肉・果汁のすべてを余すところなく一緒に発酵。豊かな味わいと心地よい渋味は野趣あふれる料理と相性抜群。

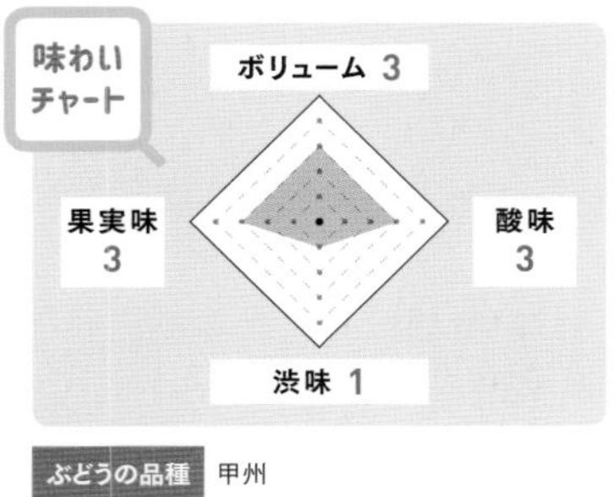

ぶどうの品種　甲州

■生産地：山梨県甲州市勝沼町
■アルコール度数：12.0％　■内容量：720ml　■参考価格（税込）：2530円

製造元　丸藤葡萄酒工業株式会社　TEL：0553-44-0043

＼おすすめ！／

AUSTRALIA

ヴィンテロパー

パーク・ワイン・ホワイト 2021

Park Wine White

オレンジ

トレンドのオレンジワイン爽やかな余韻を感じよう

白ブドウの果皮を入れて醸した、いま、大注目のオレンジワイン。フレッシュなマスカット、ピリっとした生姜を感じさせる香りに、グレープフルーツやレモンの皮のようなビターな果実感が味に奥行きをもたせる。

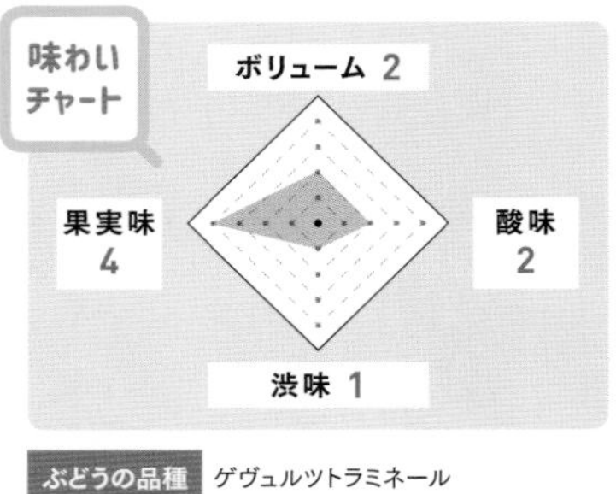

ぶどうの品種　ゲヴュルツトラミネール

■生産地：南豪州（アデレード・ヒルズ）
■アルコール度数：11.7％　■内容量：750ml　■参考価格（税込）：2970円

輸入・販売元　株式会社モトックス　TEL：0120-344101

※ワイン名や商品写真に記載されたヴィンテージは、購入時期によって異なる場合があります。

北海道千歳市

千歳ワイナリー

北ワイン ケルナー スイート 2020

KERNER Sweet

白

バランスのよい甘みと酸味 幅広い層に親しまれる1本

北海道余市町の契約農場「木村農園」のケルナーを100%使用。熟度と糖度を高めた遅摘みブドウから造ることで、白桃や花の蜜を感じさせる柔らかで上品な甘みに。甘辛く煮た魚や野菜との相性もいい。

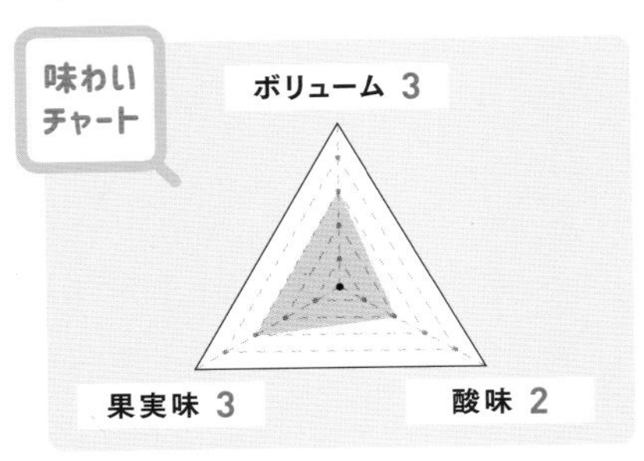

ぶどうの品種 ケルナー

■醸造地：北海道千歳市
■アルコール度数：10.0%　■内容量：750ml　■参考価格(税込)：2805円

製造元 北海道中央葡萄酒株式会社 TEL:0123-27-2460

北海道余市町

CAMEL FARM WINERY

レガミ エクストラ・ドライ 2020

LEGAMI Extra Dry

スパークリング

2品種がバランスよく調和 キリッと冷やして食前酒にも

2種のぶどうをブレンドし、やや辛口に仕上げたバランスの良いスパークリングワイン。白身魚のカルパッチョ、生のホタテやカキといった貝類などと好相性だ。「ピノ・ノワール2019」も自信作。

ぶどうの品種 ブラウフレンキッシュ、レジェント

■生産地：北海道余市町
■アルコール度数：12.5%　■内容量：750ml　■参考価格(税込)：3300円

製造元 株式会社キャメルファーム E-mail:cfwshop@camelfarm.co.jp
※2021年ヴィンテージは2023年3月ごろより発売予定

山形県高畠町

高畠ワイナリー

2019 高畠クラシック マスカットベーリーA

TAKAHATA Classique MUSCAT BAILEY A

赤

華やかな香りと凝縮感 煮付けや肉料理と楽しみたい

マスカット・ベーリーAを主体とした、甘く華やかな香りを持ちながら凝縮感のある1本。甘辛い煮付けや肉料理とよく合う。少し冷やして、屋外でバーベキューソースをかけた肉や野菜などと合わせるのも楽しい。

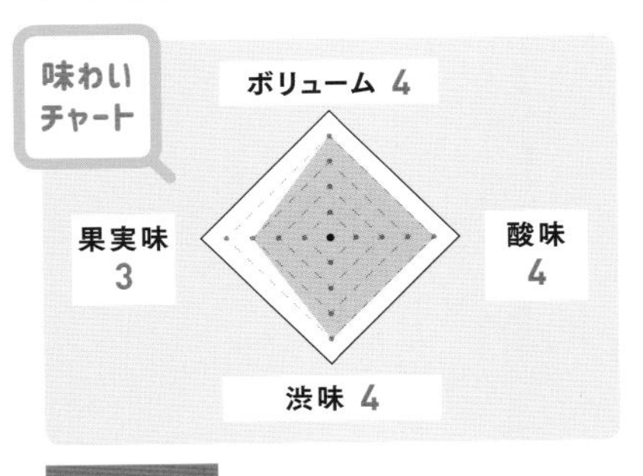

ぶどうの品種 マスカット・ベーリーA、メルロ

■生産地：山形県高畠町
■アルコール度数：13.0%　■内容量：720ml　■参考価格(税込)：1792円

製造元 株式会社高畠ワイナリー TEL:0238-57-4800

岩手県葛巻町

岩手くずまきワイン

蒼

Ao

赤

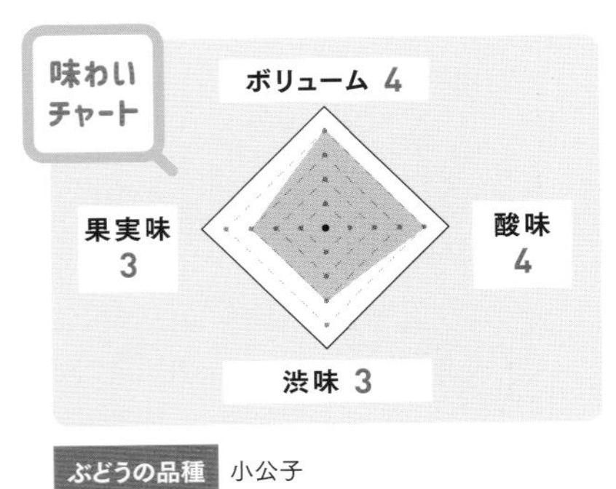

野性味あふれる深い味わい エレガントさも魅力

山ぶどう交配種の「小公子(しょうこうし)」を100%使用。山ぶどう特有のジャムのような濃縮感のある味わいの中に、ハーブのような爽やかな香りも。赤身の肉料理やビーフシチューなどの濃いめの煮込み料理と合わせたい。

ぶどうの品種 小公子

■生産地：岩手県葛巻町
■アルコール度数：12.0%　■内容量：720ml　■参考価格(税込)：2750円

製造元 株式会社岩手くずまきワイン TEL:0195-66-3111

山形県南陽市

グレープリパブリック

Aromatico2020

Aromatico

スパークリング

飽きのこない飲み口
魅力溢れる微発泡白ワイン

香りの豊かなナイアガラ、デラウェア、ネオマスカットのブレンドで、ワインの名が示す通り、香りが甘く華やかな辛口のアロマティックワイン。天ぷらやサッパリ系の鶏肉料理などと相性が抜群。

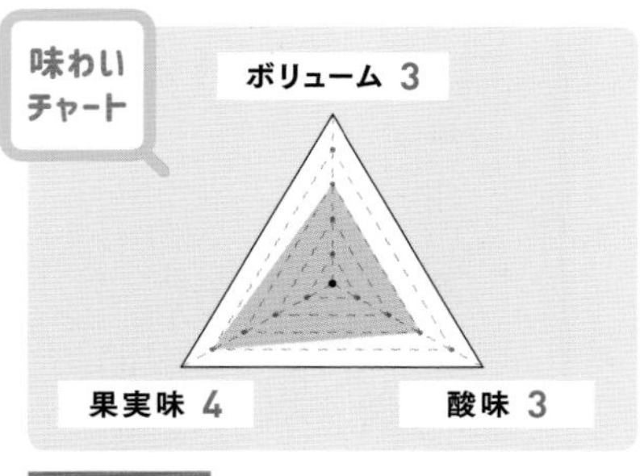

ぶどうの品種 デラウェア、ナイアガラ、ネオマスカット

■生産地：山形県南陽市
■アルコール度数：11.0%　■内容量：750ml　■参考価格（税込）：2970円

製造元 株式会社グレープリパブリック TEL:0238-40-4130

山形県上山市

タケダワイナリー

タケダワイナリー ルージュ

TAKEDA WINERY ROUGE

赤

和食にも洋食にも合う
毎日飲みたい赤ワイン

収穫したての良質な山形県産マスカット・ベーリーAを100％使用。果実味豊かで、シャープな酸味と滑らかなタンニンが心地良い。醤油を使った料理と相性が良く、毎日の食事に合わせやすい華やかな1本。

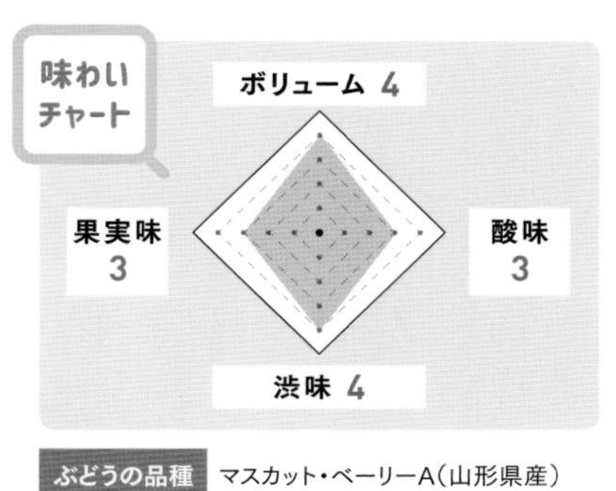

ぶどうの品種 マスカット・ベーリーA（山形県産）

■生産地：山形県上山市
■アルコール度数：11.0%　■内容量：750ml　■参考価格（税込）：1760円

製造元 有限会社タケダワイナリー TEL:023-672-0040

東京都台東区

葡蔵人〜BookRoad〜

アジロン

ADIRON

赤

肉汁を優しく包み込む
エレガントな赤ワイン

幻の品種といわれる勝沼産アジロンダック種100％の珍しいワイン。2021年の1本は、香りも酸も穏やかな仕上がりに。ラベルに描かれているような肉汁滴る赤身肉、焼肉を塩で食べるときなどに合わせたい。

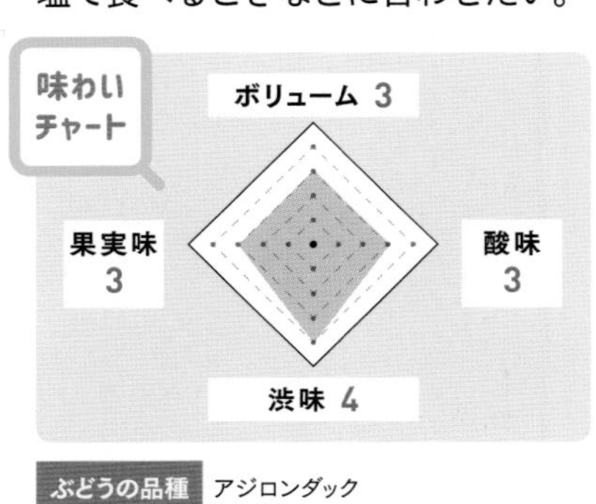

ぶどうの品種 アジロンダック

■生産地：東京都台東区
■アルコール度数：11.0%　■内容量：750ml　■参考価格（税込）：3080円

製造元 葡蔵人〜BookRoad〜 TEL:03-5846-8660

宮城県川崎町

Fattoria AL FIORE

hana

hana

赤

厳選されたぶどうのみを使用
色合いも味も深い1本に

スチューベンは完熟したもののみを使用し、そこにピノ・ノワールとメルロを混醸。さくらんぼのようなキュンとした酸味を持たせながら、ダークチェリーのような深みと複雑さも味わえる"ちょっと大人"な赤。

ぶどうの品種 スチューベン、ピノ・ノワール、メルロ

■醸造地：宮城県川崎町
■アルコール度数：11.5%　■内容量：750ml　■参考価格（税込）：3600円

製造元 株式会社Meglot TEL:0224-87-6896

※ワイン名や商品写真に記載されたヴィンテージは、購入時期によって異なる場合があります。

山梨県甲州市勝沼町

丸藤葡萄酒工業

ルバイヤート甲州 シュール・リー2020

Rubaiyat Kôshu Sur Lie

白

フレッシュな果実の香り 味わい豊かなスッキリ辛口

いくつかの手法で醸造されたワインを瓶詰め直前にブレンド。酵母と一緒に熟成させる製法（シュール・リー）により、旨味をより強く感じるワインとなった。シンプルな鶏料理や魚料理との相性は抜群。

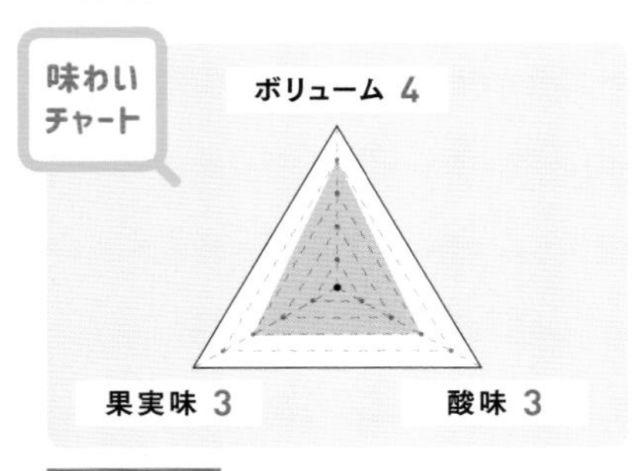

ぶどうの品種 甲州

■生産地：山梨県甲州市勝沼町
■アルコール度数：12.5%　■内容量：720ml　■参考価格（税込）：2145円

製造元 丸藤葡萄酒工業株式会社 TEL:0553-44-0043

山梨県甲州市塩山

機山洋酒工業

キザンセレクション メルロ／カベルネソーヴィニヨン2020

KIZAN SELECTION MERLOT CABERNET SAUVIGNON 2020

赤

ボルドー品種をブレンド 渋味と酸味のバランスも絶妙

地元産ぶどうを100%使用したミディアムタイプの赤ワイン。完熟イチジクの果実味にハーブやスパイシーなフレーバーもあり上品な印象。赤身肉のグリルや煮込み料理、ソーセージやパテなどと合わせたい。

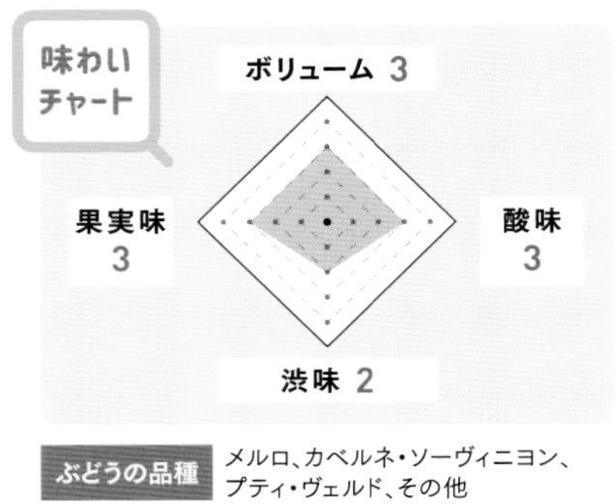

ぶどうの品種 メルロ、カベルネ・ソーヴィニヨン、プティ・ヴェルド、その他

■生産地：山梨県甲州市塩山　■アルコール度数：11.5%
■内容量：750ml　■参考価格（税込）：2330円（ワイナリー直売価格）

製造元 機山洋酒工業株式会社 TEL:0553-33-3024

長野県安曇野市

安曇野ワイナリー

ボー・ブラン 2021

Beau Blanc 2021

白

黒ぶどう由来の味わいを 白ワインで堪能する

カベルネ・フラン、メルロなどの黒ぶどう主体で造られた珍しい白ワイン。黒ぶどうのコクや複雑さを持ちながら、爽やかな酸味を感じられる。どんな料理とも合うので、日常の食卓で気軽に飲みたいワインだ。

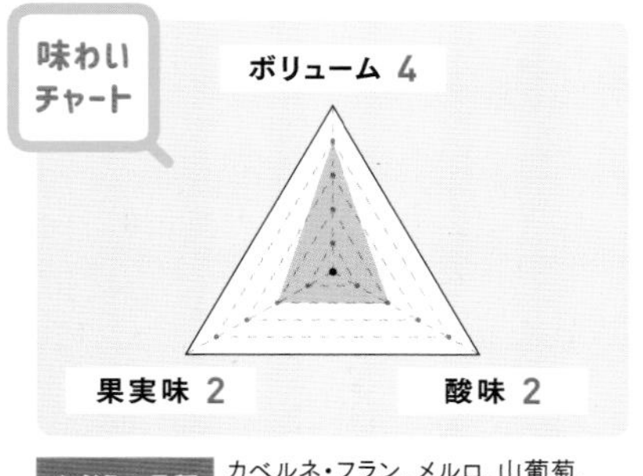

ぶどうの品種 カベルネ・フラン、メルロ、山葡萄、カベルネ・ソーヴィニヨン 他

■生産地：長野県安曇野市
■アルコール度数：11.0%　■内容量：750ml　■参考価格（税込）：2090円

製造元 安曇野ワイナリー株式会社 TEL:0263-77-7700

山梨県甲州市勝沼町

蒼龍葡萄酒

シトラスセント甲州

Citrus Scent Koshu

白

フレッシュ&フルーティー 華やかな香りを楽しむ1本

その名の通り、柑橘類の香りを存分に引き出した軽快な辛口白ワイン。吟醸香もあり、清涼感のあるクリアな酸味とほのかな苦味が特徴。水炊きや塩焼鳥など素材の味を生かしたシンプルな料理がおすすめ。

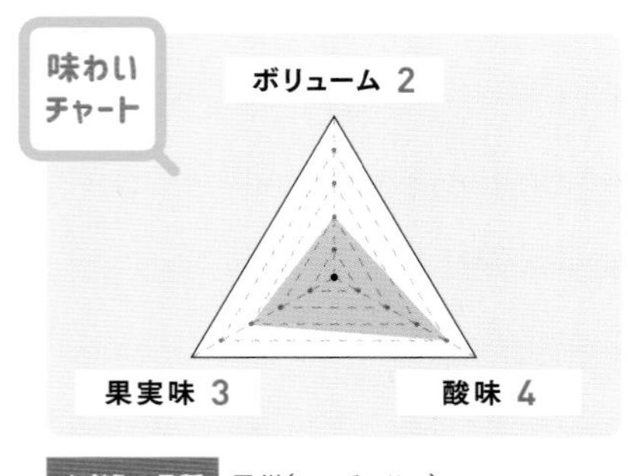

ぶどうの品種 甲州（ノンボルドー）

■生産地：山梨県甲州市勝沼町
■アルコール度数：12.5%　■内容量：720ml　■参考価格（税込）：1760円

製造元 蒼龍葡萄酒株式会社 TEL:0553-44-0026

長野県高山村

信州たかやまワイナリー

Naćho（なっちょ）　赤

Naćho

赤

ぶどうの品種は非公開 “品種を当てる楽しみ” も肴に

「なっちょ」は信州北部の方言で、どう？　どうしてる？と相手を思いやる言葉。気の置けない仲間と集まる時や家族団らんのお供に最適。どんな料理とも相性がよく、高山村の葡萄畑を眺めながら飲みたい１本だ。

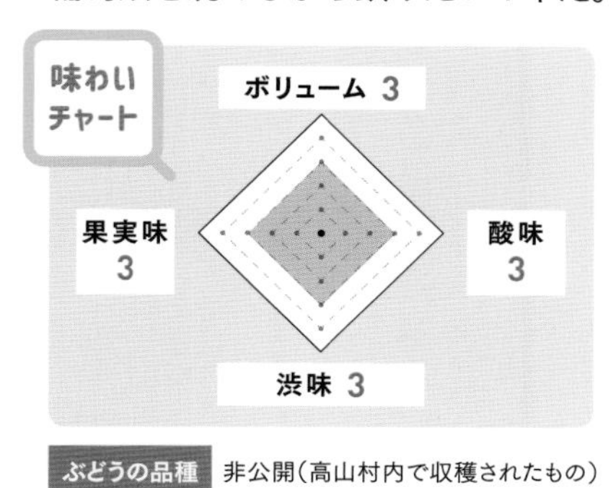

ぶどうの品種　非公開（高山村内で収穫されたもの）

- 生産地：長野県高山村
- アルコール度数：12.0%
- 内容量：750ml
- 参考価格（税込）：1650円

製造元　株式会社信州たかやまワイナリー　TEL:026-214-8726

長野県塩尻市

サンサンワイナリー

サンサンエステート 柿沢ロゼ2020

SunSun Estate Kakizawa Rose 2020

ロゼ

木苺のようなフレッシュ感に コンポートの深みも併せ持つ

ワイナリーの前に広がる自社葡萄園のメルロを100%使用。ベリー系の香りや柑橘系の爽やかさをもち、フレッシュな果実感を感じる辛口のロゼワイン。夏のアウトドアなどでしっかり冷やして飲むのもおすすめ。

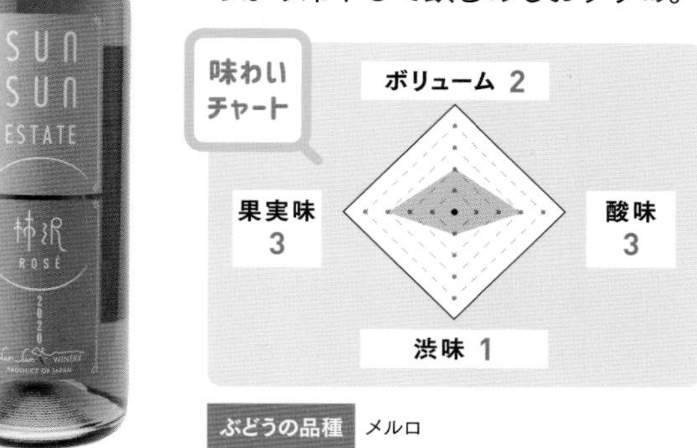

ぶどうの品種　メルロ

- 生産地：長野県塩尻市
- アルコール度数：11.5%
- 内容量：750ml
- 参考価格（税込）：1980円

製造元　サンサンワイナリー　TEL:0263-51-8011

Topics

国内のワイナリーを表彰する「日本ワイナリーアワード」

受賞ワイナリーが記載された日本ワイナリーアワードのパンフレット

各地に続々とワイナリーが増え、実に多彩な味わいが楽しめるようになった日本ワイン。それらの魅力をさらに広め、消費者に楽しんでもらうべく設立されたのが「日本ワイナリーアワード」（主催／一般社団法人日本ワイナリーアワード評議会）だ。２０１８年に始まり、２０２２年６月には第５回目の表彰がおこなわれた。

日本ワイナリーアワードの最大の特徴は、審査対象が個別の銘柄ではなく、ワイナリーそのものであること。設立から５年以上経過した国内のワイナリーの中から、特に優れた品質のワインを生み出しているとされるところに「５つ星」を最高とした４段階で評価をおこなう。２０２２年は３２７の対象ワイナリーから２１１が表彰された。

それぞれのテロワールを豊かに表現した魅力的な日本ワインは、これからさらに増えていくだろう。飲み手からすれば、どれを選ぼうかという「迷う楽しさ」を味わうのもいい。日本ワイナリーアワードの受賞ワイナリーは公式サイトからいつでも閲覧できるため、おいしいワイン選びの参考にしてみてほしい。

「日本ワイナリーアワード」の概要

◎審査対象／原則として設立より５年以上経過した国内ワイナリー

◎おもな審査基準

- 赤や白などスタイル別で品質にばらつきはないか
- 複雑性、濃縮感などのバランスに優れ、高貴さを持つか
- 収穫年に左右されず品質の安定感があるか
- テロワールを表現できているか
- コストパフォーマンスに優れているか
- ワインが一貫して個性を持っているか　など

◎表彰内容

★★★★★（5つ星）
➡ 多くの銘柄・ヴィンテージにおいて傑出した品質のワインを生みだすワイナリー

★★★★（4つ星）
➡ 全般的に良質で安定感があり、銘柄やヴィンテージによっては傑出したワインを生みだすワイナリー

★★★（3つ星）
➡ 安定感があり、ほとんどのワインが良質で安心して購入できるワインを生みだすワイナリー

コニサーズワイナリー
➡ 評価に値する個性あるワインを生みだすワイナリー

日本ワイナリーアワード 公式サイト　https://www.japan-winery-award.jp

※ワイン名や商品写真に記載されたヴィンテージは、購入時期によって異なる場合があります。

京都府京丹波町

丹波ワインハウス

てぐみ ロゼ

tegumi rose

スパークリング

シンプルながら深い味わい 細やかな泡とにごりの微発泡

マスカット・ベーリーAの華やかな甘い香りが印象的な辛口の微発泡ロゼ。しっかりとした酸味とほのかな甘みのバランスが秀逸。シチュエーションや料理を気にせず、どんなシーンでも気軽に飲める万能ワイン。

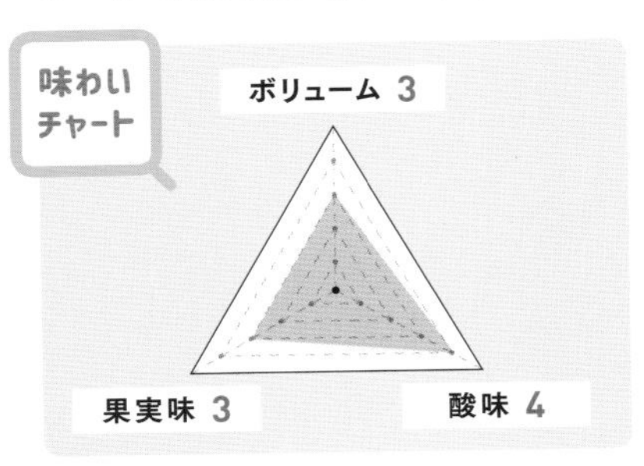

ぶどうの品種 マスカット・ベーリーA

■生産地：京都府船井郡京丹波町
■アルコール度数：11.0%　■内容量：750ml　■参考価格（税込）：1870円

販売元 丹波ワインハウス株式会社 TEL:0771-82-2003

石川県輪島市

ハイディワイナリー

禅の里わいん2021　赤

ZENNO SATO WINE 2021 rouge

赤

海からの風味を受け 能登半島で育つ赤ワイン

マスカット・ベーリーA特有のイチゴやキャンディー、すみれの花のような香りが感じられ、飲み口も優しく、あとには程よい酸味が残る。石川県の郷土料理・鴨の治部煮やぶり大根、いしる鍋などと合わせたい。

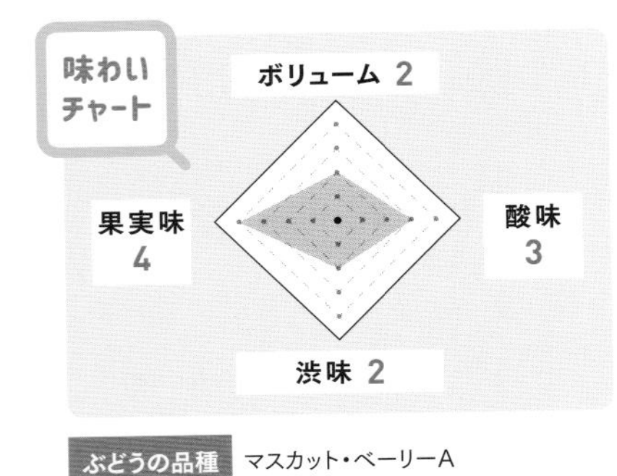

ぶどうの品種 マスカット・ベーリーA

■生産地：石川県輪島市
■アルコール度数：11.5%　■内容量：750ml　■参考価格（税込）：2420円

製造元 株式会社ハイディワイナリー E-mail:info@heidee-winery.jp

岡山県真庭市蒜山

ひるぜんワイナリー

ひるぜん 山葡萄 赤

HILLZÉN RED VITIS COIGNETIAE

赤

蒜山産ヤマブドウを熟成 野生味を感じる赤ワイン

蒜山のヤマブドウを100%使用。果実感や爽やかな酸味を楽しむことができる。タンニンは軽く滑らかで、渋味は控えめ。オーク樽で熟成した香りもしっかり感じることができる。ステーキなど肉料理と好相性。

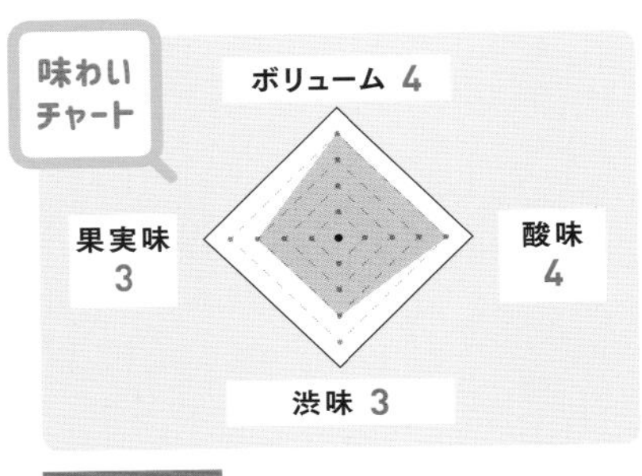

ぶどうの品種 ヤマブドウ

■生産地：岡山県真庭市蒜山
■アルコール度数：13.0%　■内容量：720ml　■参考価格（税込）：4070円

製造元 ひるぜんワイン有限会社 TEL:0867-66-4424

岡山県新見市哲多町

domaine tetta

2020シャルドネ バリック

Chardonnay Barrique

白

ワインが持つエネルギーを 口いっぱいに感じよう

フランスの銘醸地に似た石灰岩土壌で育てられたぶどうは、黄金色の美しい白ワインに生まれ変わる。果実ような甘く複雑な香り、口の中に広がる柔らかな甘さとしっかりした酸を堪能しよう。

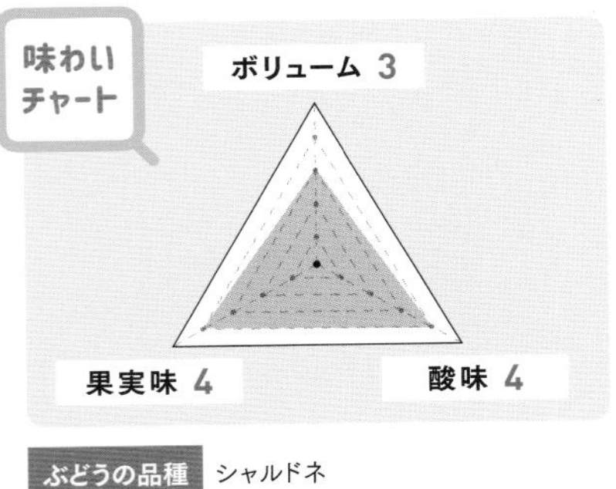

ぶどうの品種 シャルドネ

■生産地：岡山県新見市哲多町
■アルコール度数：12.0%　■内容量：750ml　■参考価格（税込）：4290円

製造元 tetta株式会社 TEL:0867-96-3658

大分県宇佐市安心院町

安心院葡萄酒工房

安心院ワイン アルバリーニョ

ajimu wine ALBARIÑO

白

自社畑の栽培されたぶどうを異なる酵母で低温発酵

青リンゴやレモンのような爽やかさの中に薔薇のような香りも感じ、飲み口もフレッシュな柑橘系のような酸味を持つ爽やかな白ワイン。天ぷらや唐揚げ、焼き魚、牡蠣や赤貝など生で食べられる貝類とも好相性。

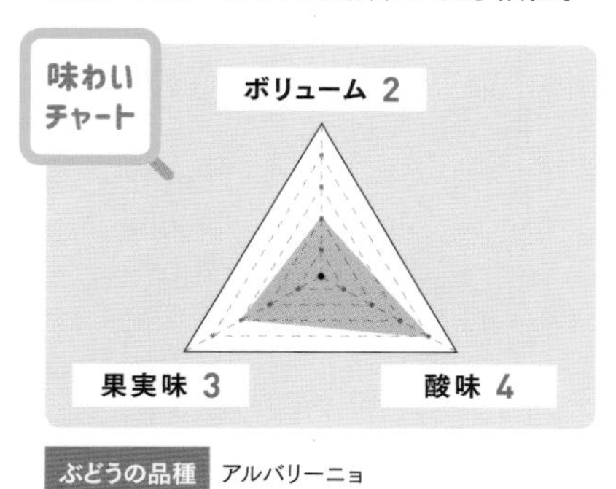

ぶどうの品種 アルバリーニョ

■生産地:大分県宇佐市安心院町
■アルコール度数:12.0% ■内容量:720ml ■参考価格(税込):3209円

製造元 三和酒類株式会社 安心院葡萄酒工房 TEL:0978-34-2210

広島県三次市

広島三次ワイナリー

TOMOÉシャルドネクリスプ

TOMOÉ Chardonnay Crisp

白

キレ良く爽やかな辛口の白 焼き魚や白身のカルパッチョと

キレが良く爽やかであることを意味する「クリスプ」の名の通り、フレッシュでクリアな印象の辛口ワイン。料理はレモンやすだちを絞った焼き魚や、白身のカルパッチョがおすすめ。県特産のカキももちろん合う。

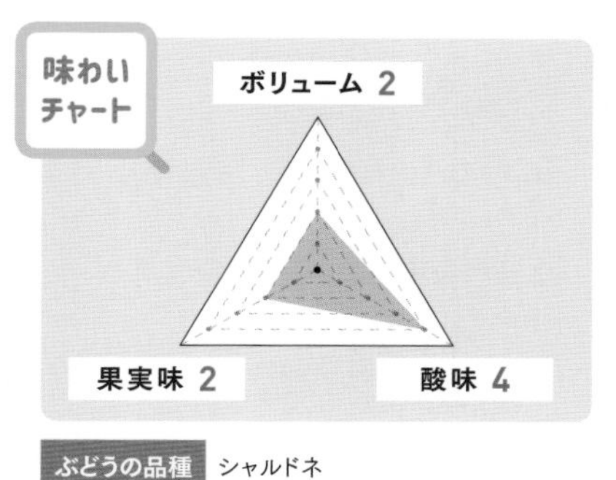

ぶどうの品種 シャルドネ

■生産地:広島県三次市
■アルコール度数:13.0% ■内容量:750ml ■参考価格(税込):1870円

製造元 株式会社広島三次ワイナリー TEL:0824-64-0200

宮崎県都農町

都農ワイン

キャンベル・アーリー ドライ

CAMPBELL EARLY ROSE DRY

ロゼ

チャーミングな甘い香りの 飲み疲れない大人のロゼ

口に含むと爽やかな酸やハーブのフレーバーの他、ほのかに苦味も感じられる。酸のキリッとした辛口なのでどんな料理とも合うが、ワイナリーで推奨しているカツサンドはおすすめ。ハヤシライスともぜひ。

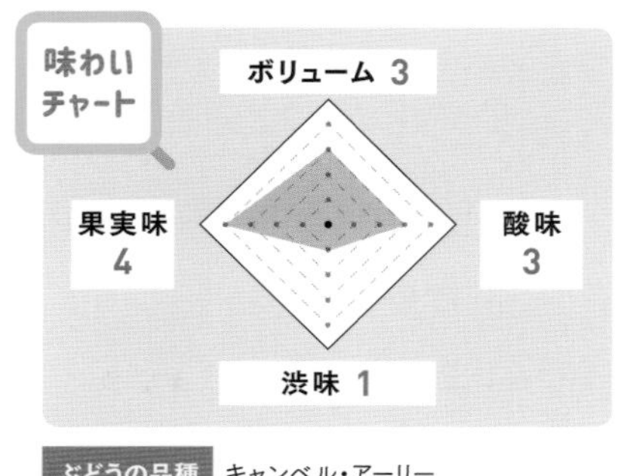

ぶどうの品種 キャンベル・アーリー

■生産地:宮崎県都農町
■アルコール度数:11.0% ■内容量:750ml ■参考価格(税込):1386円

製造元 株式会社都農ワイン TEL:0983-25-5501

熊本県山鹿市菊鹿町

熊本ワインファーム

菊鹿シャルドネ

Kikuka Chardonnay

白

熟成にはステンレスと木樽 卵料理や乳製品にも合う白

ぶどうは菊鹿町で栽培されたシャルドネを使用。ステンレスタンク熟成と樽熟成をブレンドし、柔らかさと深みを持たせた辛口の白ワイン。フレッシュな果実の香りや味わいと、樽由来のバニラ香が好バランス。

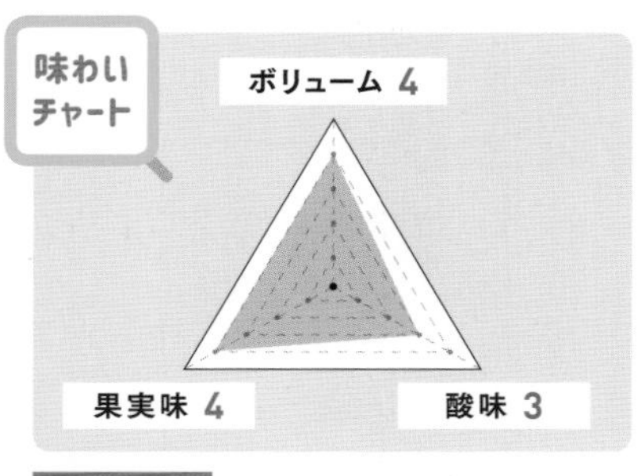

ぶどうの品種 シャルドネ

■生産地:熊本県山鹿市菊鹿町
■アルコール度数:13.0% ■内容量:750ml ■参考価格(税込):2913円

製造元 熊本ワインファーム株式会社 TEL:096-275-2277

※ワイン名や商品写真に記載されたヴィンテージは、購入時期によって異なる場合があります。

COLUMN

意外なあの国でも!?
世界のワインをさらにチェック!

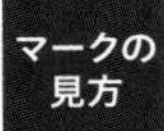

ワイン産地は世界にまだまだたくさんある。
たまにはめずらしいワインを楽しんでみるのもよい。

ヨーロッパ

ワインの歴史の長いヨーロッパでは、フランスやイタリア、ドイツ以外にも上質なワインを生産する国が多い。

イギリス

スパークリングが注目を集める

大西洋海流の影響で温暖で南向きの傾斜がある南部にワイン産地が集中。土壌がフランスのシャンパーニュと似ており、上質なスパークリングワインが近年世界的に注目を集めている。

ギリシャ

香りの強い白ワイン

世界最古のワイン産地のひとつ。サモス島のマスカットで造られる白ワインや、松ヤニで香りをつけたレツィーナなどが有名。

スイス

少量ながらも高品質

ワイン消費量が多く、国内で生産されたワインは主に国内消費にまわる。シャスラーという白ワイン用のぶどう品種が3分の1以上を占める。

キプロス

甘い酒精強化ワイン

シェリーに似たスタイルの酒精強化ワインが有名。「コマンダリア」というデザートワインは、中世の王族たちの憧れだった。

ブルガリア

実は日本で幅広く飲まれていた

4000年の歴史を持つとされる産地。実は、1970年代頃の日本では、ブルガリアのワインを樽で買い、国産のワインとブレンドして販売していた。

ルーマニア

ぶどう栽培面積が欧州5位

北東部のモルダヴィアが主要産地で、国内の3分の1を生産している。1989年の社会主義体制の終焉以降、国際市場に向けてワインを発信している。

中東

オリエントで始まったワイン造り。
砂漠のイメージがある中東だが、高山地帯ではワイン造りが盛ん。

イスラエル

フランスのロスチャイルド家によって勃興

ワイン造りの歴史は長いものの、途中でイスラム教圏になり、ワイン文化が中断。しかし1882年にフランスのロスチャイルド家が投資をし、息を吹き返した。

トルコ

多くは輸出用として造られる

イスラム教徒が大半を占める国だが、飲酒には比較的寛容。国内でぶどうは食用として用いられることが多く、ワインは輸出用に造られることが多い。

レバノン

フランススタイルの上質な赤

地中海性の気候で、雨が少なくぶどうの栽培に適している。フランス統治時代の影響で、フランスワインに似た味わいが生まれる。

アジア

アジアでもワイン造りが広まりつつあり、
個性的なもの、高品質なもの、さまざま楽しめる。

中国

土着品種や欧州系ぶどうも

以前は土着品種で造るワインが主要だったが、現在では欧州系の品種を使って高品質なワインも生産するようになっている。

タイ

ユニークなワイン造り

象によって畑仕事をしたり、水上ぶどう園があるなど、ユニークなワイン造りをしている。爽やかな味わいのワインが多い。

インド

品質向上に努める

西部にある「ナシク」という地域は高地になっており、カリフォルニアやスペインに似た気候。先進技術を導入し、品質向上を続けている。

写真提供（敬称略・五十音順）

アサヒグループジャパン株式会社
安曇野ワイナリー株式会社
ヴィレッジ・セラーズ株式会社
エノテカ株式会社
オーパスワンワイナリー
オルカ・インターナショナル株式会社
株式会社アルカン
株式会社稲葉
株式会社岩手くずまきワイン
株式会社ヴァイアンドカンパニー
株式会社ヴァンパッシオン
株式会社ヴィントナーズ
株式会社エイ・エム・ズィー
株式会社キャメルファーム
株式会社グレープリパブリック
株式会社サザンクロス
株式会社信州たかやまワイナリー
株式会社スズキビジネス
株式会社成城石井
株式会社ダイセイワールド
株式会社高畠ワイナリー
株式会社都農ワイン
株式会社徳岡
株式会社ハイディワイナリー
株式会社広島三次ワイナリー
株式会社ファインズ
株式会社マスダ
株式会社ミレジム
株式会社モトックス
株式会社横浜君嶋屋
株式会社ラシーヌ
株式会社Meglot
機山洋酒工業株式会社
木下インターナショナル株式会社
熊本ワインファーム株式会社
国分グループ本社株式会社
サッポロビール株式会社
サンサンワイナリー
サントリー株式会社
三和酒類株式会社
蒼龍葡萄酒株式会社
丹波ワインハウス株式会社
テラヴェール株式会社
日本リカー株式会社
ピーロート・ジャパン株式会社
ひるぜんワイン有限会社
葡蔵人～ BookRoad ～
ヘレンベルガー・ホーフ株式会社
北海道中央葡萄酒株式会社
布袋ワインズ株式会社
丸藤葡萄酒工業株式会社
三国ワイン株式会社
モンテ物産株式会社
有限会社タケダワイナリー
tetta株式会社
WINE TO STYLE株式会社

参考文献

『必携ワイン基礎用語集』遠藤誠（柴田書店）
『ワインの選び方、飲み方、愉しみ方がわかる　ワインT-BOOK』遠藤誠（成美堂出版）
『ソムリエ・ワインアドバイザー・ワインエキスパート　日本ソムリエ協会教本　2013』
テキスト編集委員会編（一般社団法人 日本ソムリエ協会）
『家飲み＆外飲みがもっと楽しくなるワインの話』佐藤陽一（ナツメ社）
『いま、チーズがおいしい！　ヨーロッパのチーズ120ベストセレクション』本間るみ子（駿台曜曜社）
『おつまみワイン100本勝負』山本昭彦（朝日新聞出版）
『新訂　ソムリエ・マニュアル』右田圭司（柴田書店）
『知識ゼロからのワイン入門』弘兼憲史（幻冬舎）
『チーズで巡るイタリアの旅』本間るみ子（駿台曜曜社）
『ナチュラルチーズ事典』大谷元（日東書院）
『ワイン完全ガイド』君嶋哲至（池田書店）
『ワインの基礎知識』若生ゆき絵（新星出版社）
『新版ワイン基礎用語集』遠藤誠（柴田書店）

監修／**遠藤利三郎**（えんどう・りさぶろう）

1962年東京生まれ。学習院大学卒。株式会社遠藤利三郎商店代表。ワインコンサルタント。日本輸入ワイン協会事務局長。外務省や国税庁などでワイン講師を務める。2018年には国内のワイナリーを審査対象とした「日本ワイナリーアワード」を立ち上げ、日本ワインの普及活動に尽力。また、ワインバー＆ワインショップ「遠藤利三郎商店」や「角打ワイン 利三郎」など4店舗を運営。上質なワインとオリジナル料理を気軽に楽しめる店として幅広い層から支持を得ている。著書・監修書に「日本ワインの教科書」（柴田書店）、「シャンパーニュ データブック」（ワイン王国）など多数。

公式サイト https://endo-risaburou.com

監修協力／
フランスワイン／林麻由美
ヨーロッパ諸国のワイン／小林麻美子
アメリカ、オセアニア、南米、南アフリカのワイン／栗田智之
日本ワイン／藤森真
撮影協力／遠藤利三郎商店

STAFF
イラスト／ヤマサキタツヤ
撮影／内海裕之、PIXTA
表紙・本文デザイン＆ DTP ／平田治久（NOVO）
編集協力／細田操子（NOVO）

知れば知るほどおいしい！
ワインを楽しむ本

2022年10月18日　第1刷発行

監　修　　遠藤利三郎
発行人　　土屋　徹
編集人　　滝口勝弘
企画編集　亀尾　滋
発行所　　株式会社Gakken
〒141-8416　東京都品川区西五反田2-11-8
印刷所　　共同印刷株式会社

□この本に関する各種お問い合わせ先
・本の内容については、下記サイトのお問い合わせフォームよりお願いします。
https://gakken-plus.co.jp/contact/
・在庫については　Tel 03-6431-1250（販売部）
・不良品（落丁、乱丁）については　Tel 0570-000577
学研業務センター　〒354-0045 埼玉県入間郡三芳町上富 279-1
・上記以外のお問い合わせは　Tel 0570-056-710（学研グループ総合案内）

学研の書籍・雑誌についての新刊情報・詳細情報は、下記をご覧ください。
学研出版サイト　https://hon.gakken.jp/

※本書は『ワイン事典』（遠藤誠監修、学研プラス）の内容を改編し、新規取材をもとに再編集したものです。